兰化一中教育集团
"善"文化系列丛书

你好，微生物

主编 吴小兰 耿 晖

丛书编委会

主 任：王 晶 唐永胜
副主任：沈平奇 周永东 张江和
编 委：周伟云 景耀勇 马海学 郑龙飞
　　　　梁宗明 王正平 古续业 王忠福

《你好，微生物》分册编委会

主 编：吴小兰 耿 晖
编 委：刘 霞 王静艳 马文兵 张相君 张彩林

兰州大学出版社
LANZHOU UNIVERSITY PRESS

图书在版编目（ＣＩＰ）数据

你好，微生物 / 吴小兰，耿晖主编. -- 兰州 ：兰州大学出版社，2020.3
ISBN 978-7-311-05758-9

Ⅰ. ①你… Ⅱ. ①吴… ②耿… Ⅲ. ①生物课－高中－课外读物 Ⅳ. ①G634.913

中国版本图书馆CIP数据核字(2020)第054552号

责任编辑　郝可伟
封面设计　王　挺　李文穆

书　　名	**你好,微生物**
作　　者	吴小兰　耿　晖　主编
出版发行	兰州大学出版社　（地址:兰州市天水南路222号　730000）
电　　话	0931-8912613(总编办公室)　0931-8617156(营销中心)
	0931-8914298(读者服务部)
网　　址	http://press.lzu.edu.cn
电子信箱	press@lzu.edu.cn
印　　刷	甘肃发展印刷公司
开　　本	787 mm×1092 mm　1/16
印　　张	6.5
字　　数	107千
版　　次	2020年3月第1版
印　　次	2020年3月第1次印刷
书　　号	ISBN 978-7-311-05758-9
定　　价	19.80元

（图书若有破损、缺页、掉页可随时与本社联系）

前　言

　　《你好，微生物》是一本引领学生走出理论、走向生活及实践的高中特色生物校本教材，主要涉及《普通高中课程标准实验教科书　生物：选修1——生物技术实践》部分内容以及大学微生物专业的部分基础知识。

　　为什么要编写此校本教材？现行教材《普通高中课程标准实验教科书　生物：选修1——生物技术实践》的课程形式多为教师在课堂上讲解实验操作流程，或者组织学生观看实验视频，学生理解并记忆相关原理、技术操作、实验步骤等形式，实验教学重结果、轻过程，结果这样的学习既枯燥无味，无法满足学生对实验操作的实践与创新，又难以促进学生实验操作技能的发展，无法适应新时代下培养创新型人才的需要。

　　基于上述现实事实，校本教材《你好，微生物》意在开辟一条途径，让《普通高中课程标准实验教科书　生物：选修1——生物技术实践》离学生的生活近一点，涉及微生物的内容多一点，实践范围大一点，创新的视野宽一点，给学生更多的选择空间。

　　如何编写此校本教材？出于指导学生认识微生物、了解微生物、运用微生物的目的，本教材在编写时着重留意以下几个方面的设计：

1.提高教材的适切性

　　《你好，微生物》的本质是《普通高中课程标准实验教科书　生物：选修1——生物技术实践》校本化过程。现行教材在一定意义上来说具有"普遍共性"，而不同学校的学生所处地域、文化存在差异，为了更好地满足学校、学生的需要，我们对现行教材进行了"二次开发"，让校本教材更好地促进学生发展，促使学校办学特色的形成。

2.推进学生的学习

　　《你好，微生物》在编写过程中，一方面需要教师在保证学习目标达成的前

提下，依据实际情况进行个性化教学设计，开展教学活动；另一方面则要求授课教师充分了解学生的学情，包括学生的认知基础、学生的学习能力、学生的生活经验等，让学生在专业素养方面得到最大发展。因此，让学生的学习真正落实，让他们有兴趣、有经历、有发现是本教材的关键。

3.凸显教材的本土化

《你好，微生物》把与学生生活相关联的要素和内容进行有机整合，关注学生的经验、兴趣和需要，让微生物的知识与技能与学生相遇、融合，促进学生的经验生成与人格发展。另一方面充分利用乡土资源，使学生对乡土产生一种新的认识，对自己的根源有所认知，对故乡产生爱护珍惜之情，肯定自己在社会中所扮演的角色。

本书由吴小兰主编，负责教材的总策划与任务分工、协调；保障人员、课程开设所需设备、经费的到位；把握教材内容在教学实践中的取舍、改进等工作。其余参加编撰的人员分别为：耿晖领衔完成微生物的培养、观察、分离、保存的设计、编写和课程的实施；王静艳领衔完成制作酸奶、葡萄酒、泡菜的设计、编写和课程的实施；刘霞领衔完成微生物大事件的设计、编写和课程的实施，以及课程开设过程的影视化资料的编辑和制作；马文兵领衔完成菌画制作。张相君、张彩林负责文字的校对。感谢王晶校长的鼎力相助，刘雅慧、穆京海老师给予的帮助。

希望本教材能够帮助学生从理论性较强的高中生物教材中跳脱出来，认识并感受微生物的美妙，体会其运用于生活的现实意义，与此同时，激发学生学习微生物的兴趣。

编者

2019年10月

目 录

基础篇

实践篇

故事篇

基础篇

微生物的培养和观察是了解、应用微生物的前提，本篇带你学习培养微生物、观察微生物的技术。

第一章　观察微生物的基本技术

1.配制培养基的方法。
2.使用灭菌锅的方法。
3.倒平板的方法。

第一节　培养基的制备

学前储备

　　培养基，是指供给微生物、植物或动物（或组织）生长繁殖的，由不同营养物质组合配制而成的营养基质，一般都含有糖、含氮物质、无机盐（包括微量元素）、维生素和水等几大类物质。培养基既是提供细胞营养和促使细胞增殖的基础物质，也是细胞生长和繁殖的生存环境。在自然界中，微生物种类繁多，营养类型多样，加之实验和研究的目的不同，所以培养基的种类有很多。但是，不同种类的培养基中，一般均应含有水分、碳源、氮源、无机盐、生长因素等基本营养物质。不同微生物对酸碱度要求不一样，比如培养霉菌和酵母菌的培养基一般是偏酸性的，而细菌和放线菌培养基一般为中性或微碱性的（嗜碱细菌和嗜酸细菌例外）。所以配制培养基时，都要根据不同微生物的要求将培养基的pH调到合适的范围。

此外，由于配制培养基的各类营养物质和容器等放置在空气中会被空气中的各种微生物污染，因此，已配制好的培养基必须快速灭菌，以防止其中的微生物生长繁殖过程中消耗养分或改变培养基的酸碱度对培养基品质产生不利影响。如若不具备及时灭菌的条件，应将配制好的培养基暂时放在冰箱内保存。

培养基的分类

根据微生物的种类和实验目的不同，可将培养基分为如下几类：

一、按培养基的成分分类

1.天然培养基

天然培养基的主要成分是复杂的天然有机物，如马铃薯、玉米粉、豆饼粉、豆芽汁、牛肉膏、蛋白胨、血清等。由于人们对这些复杂的天然有机物质的成分不完全了解，故每次使用不同的原料配置培养基时，需根据实验要求和实验目的调整营养物的含量。这类培养基是实验室和发酵工厂常用的培养基，较为常见的有牛肉膏蛋白胨培养基，马铃薯培养基，玉米粉、黄豆饼粉培养基，血琼脂培养基等。

2.合成培养基

合成培养基是指用化学成分已知的物质配制而成的培养基，因此也称为化学成分明确的培养基（chemically defined medium）。如高氏1号培养基、查氏培养基、M9培养基等。这类培养基一般用于微生物的形态、营养代谢、分类鉴定、菌种选育、遗传分析等方面的研究。

3.半合成培养基

在以天然有机物作为微生物营养来源的同时，适当补充一些成分已知的物质所配制的培养基叫半合成培养基。大多数微

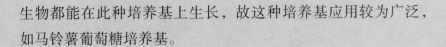

生物都能在此种培养基上生长，故这种培养基应用较为广泛，如马铃薯葡萄糖培养基。

二、按培养基的物理状态分类

1.固体培养基

在液体培养基中加入凝固剂配制的培养基即为固体培养基。实验室常用的凝固剂有琼脂、琼脂糖、明胶和硅胶。其中，琼脂是多数微生物最为理想的凝固剂。一般在培养基中加入1.5%～2.5%琼脂即可促使液体培养基凝固为固体。此培养基一般可供微生物的分离、鉴定、活菌计数、菌种保藏等用。

2.半固体培养基

在液体培养基中加入少于配置固体培养基所需凝固剂配制成的培养基即为半固体培养基。此种培养基常用于菌种保存、观察细菌运动的特征及噬菌体的分离纯化等实验。

3.液体培养基

不含任何凝固剂，配好后呈液体状态的培养基为液体培养基。该培养基广泛用于微生物的培养、生理代谢和遗传学的研究以及工业发酵等方面。

三、按培养基的用途分类

1.基础培养基

含有一般细菌生长繁殖需要的基本营养物质的培养基，为基础培养基。最常用的基础培养基是天然培养基中的牛肉膏蛋白胨培养基，这种培养基可作为一些特殊培养基的基础成分。

2.营养培养基

在基础培养基中加入某些特殊营养物质，如血液、血清、动物（或植物）组织液、酵母浸膏或生长因子等配制成的培养基，为营养培养基。这类培养基一般用于培养对营养要求较苛刻的微生物，如用于培养百日咳杆菌需要添加的含血液培

养基。

3.鉴别培养基

鉴别培养基（differential medium）是用于鉴别不同类型微生物的培养基。其鉴别原理是在培养基中加入某种特殊的化学物质，在微生物生长产生某种代谢产物的同时，通过此代谢产物与培养基特殊化学物质发生特定的化学反应或明显的特征性变化将该种微生物与其他微生物区分开来。该培养基主要用于不同类型微生物的生理生化鉴定。如用来检测细菌能否利用不同糖类产酸产气的糖发酵培养基或用于检测细菌在代谢过程中能否产生硫化氢的醋酸铅培养基等。

4.选择培养基

选择培养基（selected media）是指一类根据特定微生物的特殊营养要求或其对某理化因素抗性的原理而设计的培养基。具有只允许特定的微生物生长，同时抑制或阻止其他微生物生长的功能。由于培养基的这种特点，这类培养基往往可以达到分离或鉴别某种特定微生物的目的。如分离真菌的马丁氏（Martin）培养基，既有选择作用又有鉴别作用的远藤氏（Endo）培养基，微生物遗传学研究中用来选择营养缺陷型的培养基以及分子克隆技术中常用的加抗生素 X -gal（5-溴-4-氧-3-吲哚-β-D-半乳糖苷）的培养基等，均属于选择培养基。

一、目的要求

1.明确培养基的配制原理。

2.掌握配制培养基的一般方法和步骤。

二、基本原理

1.牛肉膏蛋白胨培养基

牛肉膏蛋白胨培养基是一种应用最广泛和最普遍的细菌基础培养基，又称为普通培养基。由于这种培养基含有一般细菌生长繁殖所需要的基本营养物质，所以可供微生物生长繁殖之用。其成分有牛肉膏、蛋白胨和NaCl。其中牛肉膏为微生物提供碳源、能源、磷酸盐和维生素，蛋白胨主要提供氮源和维生素，而NaCl提供无机盐。在配制固体培养基时还需加入一定量琼脂作为凝固剂。琼脂在40 ℃时凝固，96 ℃时融化，通常不被微生物分解利用。这种培养基多用于培养细菌，因此要用稀酸或稀碱将其pH调至中性或微碱性，以利于细菌的生长繁殖。牛肉膏蛋白胨培养基的配方如下：

牛肉膏	蛋白胨	NaCl	水	pH
3.0 g	10.0 g	5.0 g	1000 mL	7.4～7.6

2.马铃薯葡萄糖（PDA）培养基

马铃薯葡萄糖培养基，是一种用于分离和培养霉菌、蘑菇等真菌的常用培养基。马铃薯葡萄糖培养基的配方如下：

马铃薯	葡萄糖	琼脂	水	pH
200 g	20 g	15～20 g	1000 mL	6.0

三、器材

1.溶液或试剂

牛肉膏，蛋白胨，NaCl，琼脂，1 mol/L NaOH，1 mol/L HCl。

2.仪器或其他用具

试管，三角瓶，烧杯，量筒，玻棒，培养基分装器，天平，牛角匙，高压蒸汽灭菌锅，pH试纸（pH5.5～9.0），记号笔，麻绳，灭菌袋，封口膜，吸管等。

四、操作步骤

1.称量

牛肉膏蛋白胨培养基：按培养基配方依次准确地称取牛肉膏、蛋白胨、NaCl，放入烧杯中。牛肉膏常用玻棒挑取，放在小烧杯或表面皿中进行称量，称量后用热水融化后倒入烧杯。也可放在称量纸上进行称量，称量后直接放入水中。这时如稍微加热，牛肉膏便会与称量纸分离，然后即可将纸片取出。

马铃薯葡萄糖培养基：马铃薯先洗净去皮，根据培养基比例适量称取并切成小块，加水煮烂（煮沸 20～30 min），用八层纱布过滤得到过滤液，对过滤液进行加热，并在这一过程中将称量好的葡萄糖加入过滤液中，搅拌均匀即配置成培养基。

2. 溶解

在上述烧杯中先加入少于所需要的水量，用玻棒搅匀，然后，在石棉网上加热使其溶解，或在磁力搅拌器上加热溶解（图1-1）。将药品完全溶解后，补充水到所需的总体积。如果配制固体培养基，将称好的琼脂放入已溶的药品中，再加热融化，最后补足所损失的水分。在制备用三角瓶盛固体培养基时，一般也可先将一定量的液体培养基分装于三角瓶中，然后按 1.5%～2.0% 的量将琼脂直接分别加入各三角瓶中，不必加热融化，而是灭菌和加热溶化同步进行，节省时间。

> **小·提示**
>
> 蛋白胨很易吸湿，在称取时动作要迅速。另外，称药品时严防药品混杂，一把牛角匙只用于取一种药品。如若牛角匙数量不够，称取一种药品后，将牛角匙擦干净后，方可再称取另一药品。

图1-1 磁力搅拌加热溶解图

> **小·提示**
>
> 琼脂融化过程中需不断搅拌，以防琼脂糊底烧焦。配置培养基时，不可用铜或铁锅加热融化，以免离子进入培养基影响细菌生长。

3. 调pH

在调pH前，先用精密pH试纸测量培养基的原始pH，如果偏酸，用滴管向培养基中逐滴加入 1 mol/L NaOH，边加边搅拌；反之，用 1 mol/L HCl 进行调节，并随时用pH试纸测其pH，直至pH达适宜。对于有些要求pH精确的微生物，其pH的调节可用酸度计进行（使用方法可参考有关说明书）。

4.分装

按实验要求，可将配制的培养基分装入试管内或三角烧瓶内。分装装置见图1-2。

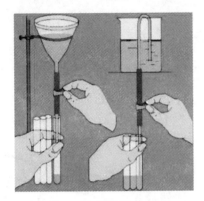

图 1-2　培养基分装装置

（1）液体分装

分装试管的量以试管高度的1/4左右为宜。分装三角烧瓶的量则根据需要而定，一般以不超过三角烧瓶容积的一半为宜。如果是用于振荡培养，则根据通气量的要求可酌情减少。有的液体培养基在灭菌后，需要补加一定量的其他无菌成分，如抗生素等，添加时装量需准确。

（2）固体分装

分装试管，其装量不超过管高的1/5，灭菌后制成斜面。分装三角烧瓶的量以不超过三角烧瓶容积的一半为宜。

（3）半固体分装

分装时候一般以试管高度的1/3为宜，灭菌后垂直待凝。

5.加塞

培养基分装完毕后，在试管口或三角烧瓶口上塞上硅胶塞（或泡沫塑料塞

小·提示

培养基灭菌时将培养基的其他成分和琼脂分开灭菌后再混合，或在中性pH条件下先灭菌，灭菌后再按要求调整pH。

小·提示

分装过程中，注意不要使培养基沾在管（瓶）口上，以免沾污塞子而引起污染。

及试管帽等），以阻止外界微生物进入培养基内而造成污染，同时保证有良好的通气性。

6. 包扎

加塞后，将全部试管用麻绳捆好。再在硅胶塞外包一层牛皮纸，以防止灭菌时冷凝水润湿硅胶塞，全部完成后，其外再用一道麻绳扎好。用记号笔注明培养基名称、组别、配制日期。三角烧瓶加塞后，外包封口膜，用麻绳以活结形式扎好，这样方便解开。包扎好后用记号笔注明培养基名称、组别和配制日期等信息。

7. 灭菌

将上述培养基在0.103 MPa、121 ℃、20 min高压蒸汽灭锅中灭菌。

8. 搁置斜面

将灭菌的试管培养基冷却至50 ℃左右（以防斜面上冷凝水太多），将试管口端搁在玻棒或其他合适高度的器具上，搁置的斜面长度以不超过试管总长的一半为宜（图1-3）。

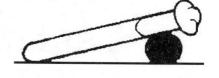

图1-3　摆斜面

9. 无菌检查

将灭菌培养基放入37 ℃的温室中培养24～48 h，以检查灭菌是否彻底。

思考与讨论

1. 在配制培养基的操作过程中应注意些什么问题？为什么？

2. 培养基配好后，为什么必须立即灭菌？如何检查灭菌后的培养基是无菌的？

第二节　高压蒸汽灭菌

一、目的要求

1. 了解高压蒸汽灭菌的基本原理及应用范围。

2. 学习高压蒸汽灭菌的操作方法。

二、基本原理

高压蒸汽灭菌原理是将待灭菌的物品放在一个密闭的加压蒸汽灭菌锅内，通过加热，使灭菌锅隔套间的水沸腾而产生蒸汽。待水蒸气急剧地将锅内的冷空气从排气阀中驱尽后，关闭排气阀，继续加热，此时由于蒸汽不能溢出，增加了加压灭菌锅中的压力，使水沸点增高，当锅内的温度高于100 ℃时，菌体蛋白质会凝固变性，便达到了灭菌的目的。

在同一温度下，湿热灭菌的杀菌效力比干热灭菌大，其原因有三：一是湿热中细菌菌体吸收水分，蛋白质含水量增加较易凝固，表1-1为蛋白质含水量与凝固所需温度关系。二是湿热的穿透力比干热大，表1-2是干热、湿热穿透力及灭菌效果比较。三是湿热的蒸汽有潜热存在，1 g水在100 ℃时，由气态变为液态时可放出2.26 kJ（千焦）的热量。这种潜热，能迅速提高被灭菌物体的温度，从而增加灭菌效力。

在使用高压蒸汽灭菌锅灭菌时，灭菌锅内冷空气的排出是否完全极为重要，因为空气的膨胀压大于水蒸气的膨胀压，所以，当水蒸气中含有空气时，在同一压力下，含空气的蒸汽温度低于饱和蒸汽的温度。

一般培养基用0.1 MPa、121.5 ℃、15～30 min条件即可达到彻底灭菌的目的。灭菌的温度及维持的时间随灭菌物品的性质和容量等具体情况而有所改变，例如盛于试管内的培养基以0.1 MPa、121.5 ℃灭菌20 min即可，而盛于大瓶内的培养基最好以0.1 MPa、122 ℃灭菌30 min。

实验中常用的非自控高压蒸汽灭菌锅有卧式（图1-4，A）和手提式（图1-4，B）两种。其结构和工作原理相同，本实验以手提式高压蒸汽灭菌锅为例，介绍其使用方法。有关自控高压蒸汽灭菌锅的使用可参照厂家说明书。

表1-1　蛋白质含水量与凝固所需温度的关系

卵蛋白含水量/%	30 min内凝固所需温度/℃
50	56
25	74～80
18	80～90
6	145
0	160～170

表1-2 干热、湿热穿透力及灭菌效果比较

温度/℃		时间/h	透过布层的温度/℃			灭菌
			20层	10层	100层	
干热	130~140	4	86	72	70.5	不完全
湿热	105.3	3	101	101	101	完全

图1-4A 卧式灭菌锅

图1-4B 手提式灭菌锅

三、器材

培养基，培养皿（6套一包），手提式高压蒸汽灭菌锅等。

四、操作步骤

1.首先将内层锅取出，再向外层锅内加入适量的水，使水面与三角搁架相平为宜。

2.放回内层锅，并装入待灭菌物品。注意不要装得太挤，以免妨碍蒸汽流通而影响灭菌效果。三角烧瓶与试管口端均不要与桶壁接触，以免冷凝水淋湿包扎口的纸而透入棉塞。

3.加盖，将盖上的排气软管插入内层锅的排气槽内。再以两两对称的方式同时旋紧相对的两个螺栓，使螺栓松紧一致，勿使其漏气。

小·提示

切勿忘记加水，同时加水量不可过少，以防灭菌锅烧干而引起炸裂事故。

4.用电炉或天然气加热，并同时打开排气阀，使水沸腾以排出锅内的冷空气。待冷空气完全排尽后，关上排气阀，让锅内的温度随蒸汽压力增加而逐渐上升。当锅内压力升到所需压力时，控制热源，维持压力至所需时间。本实验用0.1 MPa、121.5 ℃、20 min条件灭菌。

5.灭菌所需时间到，切断电源或关闭天然气，让灭菌锅内温度自然下降。当压力表的压力降至"0"时，打开排气阀，旋松螺栓，打开盖子，取出灭菌物品。

6.将取出的灭菌培养基放入37 ℃温箱培养24 h，经检查若无杂菌生长，即可待用。

小·提示

灭菌主要因素是温度而不是压力。因此锅内冷空气必须全排尽后，才能关上排气阀，以维持所需压力。

小·提示

压力一定要降至"0"时，才能打开排气阀，开盖取物，否则就会因锅内压力突然下降，使容器内的培养基由于内外压力不平衡而冲出烧瓶口或试管口，造成塞子沾染培养基而发生污染，甚至灼伤操作者。

思考与讨论

1.灭菌在微生物实验操作中有什么重要意义？

2.黑曲霉的孢子与芽孢杆菌的孢子对热的抗性哪个更强？为什么？

学 无 止 境

消毒（disinfection）与灭菌（sterilization）两者的意义有所不同。消毒一般是指消灭病原菌和有害微生物的营养体，而灭菌则是指杀灭一切微生物的营养体、芽孢和孢子。微生物实验中，需要进行纯培养，不能有任何杂菌污染，因此对所用器材、培养基和工作场所都要进行严格的消毒和灭菌。消毒与灭菌的方法很多，一般可分为加热、过滤、照射和使用化学药品等。

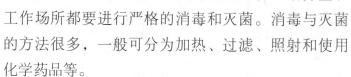

第二章　观察、分离、保存微生物

本章聚焦

1.观察微生物形态的方法。

2.涂片的制作方法、染色的基本技术、油镜的使用方法。

3.保证无菌操作的要求。

4.分离纯化、保藏菌种的基本方法。

第一节　微生物形态观察

一、目的要求

1.学习制作装片的一般步骤。

2.了解鉴别微生物的基本方法及油镜头的使用。

二、基本原理

简单染色法是利用单一染料对细菌染色的一种方法。此法操作简便，适用于一般细菌、真菌的观察。简单染色常用碱性染料是因为在中性、碱性或弱酸性溶液中，细菌细胞通常带负电荷，而碱性染料在电离时，其分子的染色部分带正电荷，因此碱性染料的染色部分很容易与细菌结合使细菌着色。经染色后的细菌细胞与背景形成鲜明的对比，在显微镜下更易于识别。

> **小·提示**
>
> 一般用作简单染色的染料有：美蓝、结晶紫、碱性复红等。当细菌分解糖类产酸使培养基 pH 下降时，细菌所带正电荷增加，可用伊红、酸性付红或刚果红染料染色，易于快速着色。

三、器材

1.仪器或其他用具

显微镜，超净台，培养箱，接种环，酒精灯，载玻片，盖玻片，试管，擦镜纸，镊子、放线菌永久装片。

2.试剂

香柏油、二甲苯。

四、操作步骤

1.制片

（1）细菌涂片（涂片要涂抹均匀，不宜过厚）→干燥→固定（热固定的目的是使细胞质凝固，以固定细胞形态，并使之牢固附着在载玻片上）→染色约 1 min→水洗→干燥→镜检。

（2）真菌制作临时装片：载玻片上放置清水或染液→挑取菌丝放置于清水或染液中→用镊子取一块盖玻片，45°角与菌液接触，然后慢慢将盖玻片放下使其盖在菌液上→赶走气泡→吸水纸吸去多余清水或染液。

2.油镜的使用

（1）在高倍镜或低倍镜下找到要观察的样品区域，然后调节粗准焦螺旋下降载物台，将油镜转到工作位置。

（2）在待观察的样品区域滴加香柏油，从侧面注视，调节粗准焦螺旋将载物台小心地升高，直至油镜镜头浸在香柏油中并几乎与标本相接。

（3）调节照明使视野的亮度合适

小·提示

①在调节粗准焦螺旋时需缓慢调节，并需确认好调节方向，避免捕捉不到物相或损伤物镜镜头。

②油镜用完后的处理：下降载物台，取下载玻片→用擦镜纸拭去镜头上的香柏油，然后用擦镜纸蘸少许二甲苯（香柏油溶于二甲苯）擦去镜头上残留的油渍，最后再用干净的擦镜纸擦去残留的二甲苯。切忌用手或其他纸擦拭镜头，以免使镜头沾上污渍或产生划痕，影响观察。

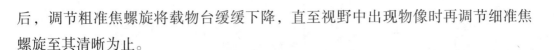

后，调节粗准焦螺旋将载物台缓缓下降，直至视野中出现物像时再调节细准焦螺旋至其清晰为止。

第二节 分离植物中的微生物

学前储备

分离微生物的工具：接种环是细菌培养时常用的一种接种工具，由三部分组成，即环（针）、金属柄和绝热柄。针的材质通常选用电热（镍）丝，环的直径随使用目的的不同而不同。接种环使用前、后均应进行灭菌处理，将接种环（针）末端直立火焰中，烧红镍丝部分，再使接种环金属柄旋转通过火焰3次灭菌，冷却后即可用于取菌。一般使用接种环完毕后应立即将染菌的镍丝部分于内焰中加热，烤干环端附着的细菌等材料，以免环上残余的细菌或其他材料因突受高热，爆裂四溅，污染环境和导致传染危险。用完后的接种环，应立即搁置于架上，切勿随手弃置，以免灼焦台面或其他物件。

无菌操作：为避免在接种过程中空气中的微生物污染培养基，接种一般应在接种罩或无菌室、无菌工作台上进行。

1.接种罩：接种罩的式样很多，可用木框和玻璃或直接用有机玻璃制成。使用时，接种罩在实验前需用3%石炭酸来轻拭，并用罩内紫外线杀菌灯照射，以保证罩内无尘埃和细菌。操作结束后，应立即清理内部，并做罩内消毒处理。

2.无菌工作台又称超净工作台（super clean bench），目前多采用垂直层流的气流形式。通过变速离心风机将负压箱内经过预滤器过滤的空气先压入静压箱，再经高效过滤器进行二级过滤，吹出洁净气流。当气流以一定的、均匀的断面风速通过工作区时，将尘埃颗粒和微生物带走，从而形成无尘无菌的工作环境。无菌工作台使用时应提前50 min打开紫外线杀菌灯杀

菌，照射30 min后关闭紫外灯，同时打开电风扇吹风20 min后即可使用。

　　3.无菌室又称洁净室（clean room），是在实验室内部安装的用于无菌操作的房间。室内应有空气过滤装置、紫外线杀菌灯等设备。

一、目的要求

1.了解微生物实验中的常用仪器与设备。
2.掌握倒平板的方法，学习从生物材料中分离微生物的基础操作技术。

二、基本原理

植物内生菌（Endophyte）是一定阶段或全部阶段生活于健康植物组织和器官内部的真菌或细菌，普遍存在于高等植物中，具体在木本植物、草本植物、单子叶植物和双子叶植物内均有分布。植物内生菌目前已成为生物防治中最有潜力的微生物农药和增产菌，并作为潜在的生物防治载体菌而被大量使用。具体应用方向有以下几个方面：

1.在农业生产方向

研究表明，植物内生菌与病原菌具有相同的生态位，在植物体内相互竞争空间和营养，其存在使病原菌得不到正常的营养供给而被迫消亡。内生菌便通过这种方式增强宿主抵御病害的能力。与此同时，植物内生菌可以分泌抗生素、毒素等代谢物质，而这些代谢物质能够诱导植物产生系统抗性（ISR）。

2.在医药上的应用

利用植物内生菌的次生代谢物质开发新药物将是今后医药方面的研究方向之一。

3.作为外源基因载体

由于内生菌在植物体内的适应性，一些研究者将内生菌作为受体构建植物内生防病或杀虫工程菌，将其引入植物体内。这样的操作使植物获得与转基因防病杀虫相同或类似的作用，达到生物防治的目的。

三、器材

1.培养基
牛肉膏蛋白胨琼脂培养基、葡萄糖马铃薯培养基。

2.仪器或其他用具

酒精灯，无菌培养皿，无菌带硅胶塞试管，接种环等。

3.试剂

70%乙醇，3%次氯酸钠。

4.实验材料

时蔬。

四、操作步骤

1.倒平板

将两种固体培养基灭好菌后，在无菌条件下分别倒平板。

倒平板的方法：右手持盛培养基的试管或三角瓶，置火焰旁边，左手将试管塞或封口膜（瓶塞）轻轻地去除，使试管或瓶口保持朝向火焰；然后用右手边缘或小指与无名指夹住管（瓶）塞（也可将试管塞或瓶塞放在左手边缘或小指与无名指之间夹住。如果试管内或三角瓶内的培养基一次用完，管塞或瓶塞则不必夹在手中）。左手拿培养皿并将皿盖在火焰附近打开一缝，迅速倒入培养基约15 mL（图2-1），加盖后轻轻摇动培养皿，使培养基均匀分布在培养皿底部，然后平置于桌面上，待凝后即为平板。倒好平板，最好尽快使用，如若长时间不使用建议暂时放在4 ℃冰箱保存。

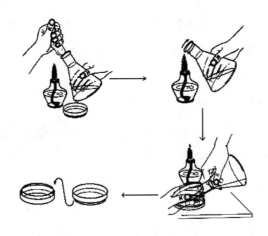

图2-1 倒平板流程图

2.从实验材料中分离微生物

分别切取不同植物材料大小约5 mm×5 mm，用70%乙醇消毒5 s，3%次氯酸钠表面消毒30 s，无菌水冲洗3～4次，然后在无菌条件下分别接种到两种

培养基上，培养2～3 d，待菌产孢后纯化，初步鉴定到属。

技能提升

倒好平板后，你还可以做什么？

1.分别在灭菌的平板上按掌印：将洗过的手、没洗的手分别按压在培养基上，进行菌种的接种；将接种好的培养基编号并倒置于培养箱中培养观察，通过实验结果的观察强化学生对洗手重要性的认知。

2.将灭菌后的培养基开盖，在树下、教室、洗手间放置相同时间后盖盖，编号并装好倒置于培养箱中培养观察，有助于学生理解植物净化空气的作用。

学 无 止 境

微生物接种方法：

（1）液体接种法：肉汤、陈水、发酵管等均系液体培养基，用于增菌或观察细菌生长现象和检测细菌的生化反应。步骤：①持好菌种管及培养基管。②灭菌接种环，由菌种管取菌，伸入培养基管中，在接近液面的管壁上方轻轻研磨，并沾取少许培养基液体调和，使接种物充分混合于培养基的液体中。③液体培养一般以18～24 h观察生长特征为好。

（2）穿刺接种法：试管内半固体培养基采用此法接种，多用于保存菌种、观察动力及做厌氧培养等，亦可用于细菌的某些生化反应。步骤：①持好菌种管和培养基管。②已灭菌接种针从菌种管取菌。③接种针直刺入培养基的中心（半固体或一般琼脂高层）直达管底部（深入培养基3/4处），接种后接种针应沿原路退出。④经培养后即可观察结果。结果观察，沿穿刺线生长，线外的培养基清亮者表示细菌无活力；穿刺线模糊或沿穿刺线向外扩散生长，或整个培养基混浊者表示细菌有活力。

第三节　微生物的纯化及保藏

一、目的要求

1.掌握纯化微生物的技术。

2.了解保存微生物的一般方法。

二、基本原理

从混杂的微生物群体中获得只含有某一种或某一株微生物的过程称为微生物的分离与纯化。实验室最为常用的微生物分离方法为平板分离法。

平板划线分离培养法是通过划线使标本或培养物中混杂的多种细菌在培养基表面逐一分散生长，各自形成菌落，以便根据菌落形态及特征，挑选单个菌落，经过移种而获得纯种细菌（纯培养）的实验方法。

该方法操作简便，在配制培养基时首先选择适合于待分离微生物的生长条件，如营养、酸碱度、温度和氧等。与此同时，加入某种抑制剂造成只利于该微生物生长，而不利于其他微生物生长的环境，通过此种方法来淘汰掉一些不需要的微生物。

在进行分离、纯化过程中，由于微生物在固体培养基上生长形成的单个菌落可以是由一个细胞繁殖而成的集合体，固可通过挑取单菌落而获得一种纯培养。

仍需指出的是，从微生物群体中经分离生长在平板上的单个菌落并不一定保证是纯培养。因此，纯培养的结果除观察其菌落特征外，还要结合显微镜检测个体形态特征后才能确定，个别微生物的纯培养要经过一系列的分离与纯化过程和多种特征鉴定方能得到。

三、器材

1.培养基

牛肉膏蛋白胨琼脂培养基，葡萄糖马铃薯培养基。

2.仪器及其他用具

酒精灯，无菌培养皿，无菌带硅胶塞试管，接种环等。

四、操作步骤

1.微生物纯化——平板划线分离培养法

（1）将接种环火焰灭菌，待冷却后取标本或混合菌液。

（2）用左手持起平板，使平皿盖向上放于台面上或打开平皿盖。

（3）左手打开平板盖持45°倾角，右手持已取材的接种环，在酒精灯上方5～6 cm处做连续划线法分离细菌。划线时，接种环与平板呈30～40°角，轻轻接触平板，以腕力平行滑动接种环，避免将琼脂划破。先在平板上1/5处轻轻涂布，然后即可左右来回以做连续划线接种，线与线间留有适当距离，做到线密而不重复，将整个平板表面布满划线。如果菌量较大可采用分区划线法，可将平皿分为若干个区。每划完一个区域，均将接种环灭菌一次，冷却后再划下一个区域。每个区域的划线均接触上一区域的接种线1～2次，使菌量逐渐减少，以获得单个菌落。

（4）划线完毕，盖好皿，做好标记将平皿倒置，置于37 ℃培养18～24 h后观察结果。

（5）将培养后长出的单个菌落分别挑取少许细胞接种到培养基上，另外置于37 ℃温室中培养，待菌苔长出后，检查特征是否一致，同时将细胞涂片后用显微镜检查是否为单一的微生物。若发现有杂菌，需再进行一次分离、纯化，直到获得纯培养。

2.微生物保存——斜面接种法

斜面接种法主要用于划线分离培养所获得的单个菌落的移种，以得到纯种细菌，或保存菌种用于观察细菌的某些培养特性。

具体操作步骤为：

（1）取菌种管置于左手食指、中指、无名指之间，拇指压住管底部上侧面。

（2）用火焰灭菌接种环。

（3）用右手小指与手掌拔取棉塞（如同时持有两管，可用小指与无名指拔取另一棉塞），将管口迅速通过火焰1～2次。

（4）将已灭菌的接种环伸入菌种管中，从斜面上取少许菌，迅速伸入待接种的培养基管中在斜面底部向上划一条直线，然后从底部起向上做曲折连续划线，直至斜面上方顶端，再置于37 ℃恒温箱中培养18～24 h即可观察结果。

1.你所做的涂布平板法是否较好地得到了单菌落？如果不是，请分析其原因。

2.简述分离得到的菌落特征。

3.如何确定平板上某个单菌落是纯培养？请写出实验的主要步骤。

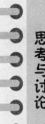

技能提升

学习鉴别细菌、真菌、放线菌等微生物的培养形态和显微形态，并绘制镜下形态图。

实践篇

　　微生物的魅力在于它低调地存在于我们身边，以不同形式参与我们的生活。让我们走进《实践篇》一起来探索微生物的奥妙吧。

第三章　酸奶的制作及乳酸菌的分离

1.学习乳酸菌的分离、培养。

2.学习梯度稀释法、平板涂布法分离培养乳酸菌。

3.体验制作酸奶。

第一节　酸奶的制作

学前储备

乳酸菌的分类及功能特征

乳酸菌是一类能利用可发酵糖产生大量乳酸的细菌的统称。这是一群相当庞杂的细菌，目前至少包含18个属，共200多种。

乳酸菌（图3-1）广泛存在于人、畜、禽肠道，许多奶制品、物料及少数临床样品中。乳酸菌可以提高食品的营养价值，改善食品风味，提高食品保藏性和附加值。大量研究表明，乳酸菌能够调节机体胃肠道正常菌群、保持肠道微生态平衡，提高食物消化率和生物价，降低血清胆固醇，抑制肠道内腐败菌生长繁殖和腐败产物的产生，制造营养物质，刺激组织发育，从而对机体的营养状态、生理功能、细胞感染、药物效

应、毒性反应、免疫反应、肿瘤发生、衰老过程和突然的应激反应等产生作用。由此可见，乳酸菌的生理功能与机体的生命活动息息相关。

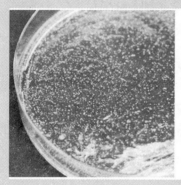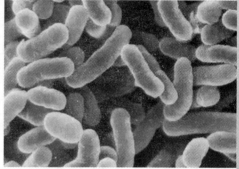

图3-1　乳酸菌

早在5000年前，人类就已经在使用乳酸菌。到目前为止，人类日常食用的泡菜、酸奶、酱油、豆豉等，都是应用乳酸菌原始而简单地天然发酵获得的代谢产物。

乳酸菌的形态特征

（1）形态：球状或杆状。

（2）细胞结构：原核细胞。

（3）代谢类型：乳酸菌是异养厌氧型细菌。

乳酸菌分解葡萄糖的反应式：$C_6H_{12}O_6 \rightarrow 2C_3H_6O_3 +$ 能量

一、目的要求

1.了解酸奶制备的基本原理。

2.学会自制酸奶。

二、基本原理

酸奶是采用优质纯牛奶加入白糖均质，经过超高温灭菌后接入乳酸菌发酵制作成的一种发酵型乳制品。形成原理是乳糖在乳糖酶的作用下，首先将乳糖分解为1分子半乳糖、1分子葡萄糖，进一步在乳酸菌的作用下生成乳酸，乳酸使酪蛋白胶粒中的胶体磷酸钙转变成可溶性磷酸钙，从而使酪蛋白胶粒的稳定

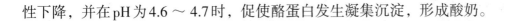

性下降，并在pH为4.6～4.7时，促使酪蛋白发生凝集沉淀，形成酸奶。

三、器材

1.仪器及其他用具

酒精灯，无菌玻璃封闭器皿，移液器，无菌枪头，封口膜等。

2.试剂

无菌水。

3.实验材料

外购酸奶或乳酸菌剂，新鲜牛奶。

四、操作步骤

第一步：

原料奶的质量：要求优质牛乳500 mL。

第二步：

加糖：优质鲜奶加5%～6%蔗糖（53 g/1000 mL）。

第三步：

装瓶：在250 mL的发酵瓶中装入牛乳200 mL，装好后封口。

> **小·提示**
>
> 1.牛奶最好用巴氏消毒新鲜牛奶，如用散装牛奶，需要提前加热煮沸并晾凉后使用。
>
> 2.做引子的自带酸奶要新鲜，保证活菌数量，加入量也要控制好，否则实验容易失败；也可以购买酸奶发酵菌粉使用。
>
> 3.盛酸奶的容器最好是玻璃瓶，使用前一定要用温开水消毒，包括盖子，注意温度不要太高，否则玻璃瓶容易炸裂。
>
> 4.制作酸奶过程可以用酸奶机，也可以放在恒温箱中，35～45 ℃保温6～8 h，然后放置在冰箱中冷藏保存后再食用，保存时间3 d为最佳。
>
> 5.品尝酸奶时可以加入黄桃、樱桃等水果，制成水果酸奶。

第四步：

消毒：将装有牛乳的发酵瓶置于95 ℃水浴中消毒5 min即可。

第五步：

冷却：将已消毒过的牛乳冷却至40 ℃。

第六步：接种：以3%～5%（1 g/1000 mL）接种量将市售酸奶接种入冷却至40 ℃的牛乳中，并充分混匀。

第七步：

培养：把接种好的发酵瓶置于40～45 ℃温箱中培养4 h（准确培养时间视凝

你好，微生物

乳情况而定）。

五、酸奶的品鉴

使用《酸奶制作评价量表》对酸奶进行评定。

表3-1　酸奶制作评价量表

栏目		概述	评分					
			自评			他评		
			10分	8分	6分	10分	8分	6分
1.是否完成酸奶的制作	①了解酸奶的制作原理	能准确地说出制作原理						
	②实验材料和器材的选择	清楚器具、器材的用处，并安全使用						
	③实验操作与酸奶制作	对制作流程能做到心中有数，能按设计完成实验，制作出酸奶						
2.酸奶质量评价	①看形态	发酵越好的酸奶，其横截面越光滑，看起来越像豆腐脑						
	②闻气味	闻一下，看看酸奶的香味是否浓郁，越纯正的酸奶，其香味越淡；此外还要看有无酸腐味道						
	③品口感	根据国家标准，只含有嗜热链球菌和保加利亚乳杆菌这两种常规益生菌的酸奶，叫风味酸牛奶；还含有其他种类益生菌（如：嗜酸乳杆菌、乳双歧杆菌等)的酸奶，叫风味发酵乳						
3.总结不同发酵条件对酸奶质量的影响	①温度的控制与酸奶的关系	温度控制是否合适，与酸奶的口感、口味的关系						
	②发酵瓶中的空气与发酵的控制	容器选择透明，易观察发酵过程变化；发酵过程中空气含量对发酵的关系						
	③酸甜比例	加糖量和发酵时间与酸甜度的关系						
4.评分	自评分：	他评分：　　　　师评分：　　　　　　　　总评分：						

学 无 止 境

巴氏灭菌法的由来：法国的啤酒、葡萄酒业在欧洲是很有名的，但啤酒、葡萄酒常常会变酸，芳香可口的整桶啤酒，变成了酸得让人不敢闻的黏液，只能倒掉，这种情况使酒商叫苦不已，有的甚至因此而破产。1856年，里尔一家酿酒厂厂主，请求巴斯德帮助寻找原因，看看能否找到防止葡萄酒变酸的办法。巴斯德欣然答应并着手研究这个问题，他在显微镜下观察，发现未变质的陈年葡萄酒，其液体中有一种圆球状的酵母细胞，然而当葡萄酒和啤酒变酸后，酒液里有一根根细棍似的乳酸杆菌，就是这种"坏蛋"在营养丰富的葡萄酒里繁殖，使葡萄酒变酸。他把封闭的酒瓶放在铁丝篮子里，泡在水里加热到不同的温度，试图既杀死乳酸杆菌，又不把葡萄酒煮坏，经过反复多次的试验，他终于找到了一个简便有效的方法：只要把酒放在50～60 ℃的环境里，保存半小时，就可杀死酒里的乳酸杆菌，这就是著名的"巴斯德杀菌法"（又称高温灭菌法），这个方法至今仍在使用，市场上出售的消毒牛奶就是用这种办法消毒的。

第二节　乳酸菌的分离

一、目的要求

1.学习分离酸奶中乳酸菌的方法。

2.学习稀释液制备的方法。

3.学习平板涂布的方法。

二、基本原理

稀释平板计数是根据微生物在固体培养基上所形成的单个菌落，即由一个单细胞繁殖而成的培养特征设计的计数方法，一个菌落代表一个单细胞。计数

时,首先将待测样品制成均匀的系列稀释液,尽量使样品中的微生物细胞分散开,使之以单个细胞存在(否则一个菌落就不只是代表一个细胞),再取一定稀释度、一定量的稀释液接种到平板中,使其均匀分布于平板中的培养基内。经培养后统计由单个细胞生长繁殖形成菌落的数目,即可计算出样品中的含菌数。此法所计算的菌数是培养基上长出来的菌落数,故又称活菌计数。稀释平板计数法一般用于某些成品检定(如杀虫菌剂等)、生物制品检验、土壤含菌量测定及食品、水源污染程度的检验。

三、器材

1.培养基

MRS培养基。

2.仪器及其他用具

酒精灯,无菌培养皿,无菌涂布器,接种环,移液器,无菌枪头,封口膜等。

3.试剂

无菌水,草酸铵结晶紫染液(初染),卢戈氏碘液(媒染),蕃红溶液(复染)。

4.实验材料

外购酸奶。

四、操作步骤

第一步:梯度平板稀释法分离乳酸菌

用一支1 mL无菌吸管从酸奶中吸取1 mL乳酸菌液加入盛有9 mL无菌水的大试管中充分混匀,然后用无菌吸管从此试管中吸取1 mL,加入另一盛有9 mL无菌水的试管中,混合均匀,以此类推制成10^1、10^2、10^3、10^4、10^5、10^6不同稀释倍数的乳酸菌溶液(见图3-2)。

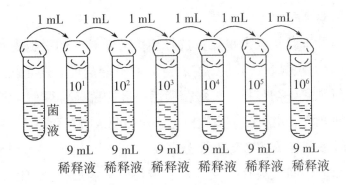

图3-2   从酸奶中分离乳酸菌稀释过程

第二步：平板涂布培养乳酸菌

将上述灭好菌的培养基的三组平板底部分别用记号笔写上10^4、10^5和10^6三种稀释度，然后用无菌吸管分别由10^4、10^5和10^6三管乳酸菌稀释液中各吸取0.1 mL对号滴入已写好稀释度的平板中央位置。用无菌涂布器涂布的时候，右手拿无菌涂棒平放在平板培养基表面上，将菌悬液先沿一条直线轻轻地来回推动，使之分布均匀，然后改变方向沿另一垂直线来回推动，平板内边缘处可改变方向用涂棒再涂布几次（见图3-3）。接种后放置于37 ℃培养箱中培养48 h。

1.将涂布器浸在盛有酒精的烧杯中。

2.取少量菌液(不超过0.1 mL)，滴加到培养基表面。

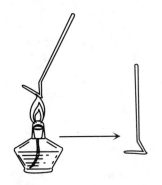

3.将沾有少量酒精的涂布器在火焰上引燃，待酒精燃尽后，冷却8~10 s。

4.用涂布器将菌液均匀地涂布在培养基表面，涂布时可转动培养皿，使涂布均匀。

图3-3   平板涂布操作步骤

第三步：观察乳酸菌

1.恒温培养48 h后，取出平板；选择菌落分布较好的平板先对其菌落形态（如菌落大小、表面状况、透明度、色泽、边缘、隆起度、透光性、是否分泌色素等特点）进行观察，初步找出乳酸菌菌落。乳酸菌菌落很小，大约1～3 mm，圆形隆起，表面光滑或稍粗糙，呈乳白色、灰白色或暖黄色。

2.乳酸菌形态观察（革兰氏染色法）

（1）涂片　取干净载玻片一块，在载玻片中央滴加一滴蒸馏水，将培养的乳酸菌做涂片，干燥、固定。

（2）染色　初染→媒染→脱色→复染→镜检

课外拓展
——自制泡菜

一、活动目标

1.尝试自主制作泡菜。
2.了解用比色法测定泡菜中亚硝酸盐含量变化的原理。
3.讨论与此相关的食品安全问题。

二、活动要求

1.为自制泡菜起名,写推介语。
2.整理泡菜制作的基本过程并与大家分享。
3.将自己制作的泡菜请大家品鉴,并用量表评价。

三、活动内容

1.学生以小组为单位制作泡菜(建议人数:3~4人;随时拍照、拍视频、留影视资料)。

2.根据活动要求准备好自己的泡菜。

3.每位同学根据《泡菜制作评价量表》,为其他组同学制作的泡菜进行打分(图3-4、图3-5)。

图3-4 学生制作的泡菜

图3-5 学生对泡菜打分

你好，微生物

表3-2　泡菜制作评价量表

栏目		概述	评分					
			自评			他评		
			10分	8分	6分	10分	8分	6分
1.是否完成泡菜的制作	①了解泡菜的制作原理	能准确地说出制作原理						
	②实验材料和器材的选择	了解器具、器材的用处，并安全使用						
	③实验操作与泡菜制作	对制作流程能做到心中有数，能按设计完成实验，制作出泡菜						
2.泡菜质量评价	①看色泽	菜品发亮有光泽，色彩丰富						
	②闻气味	气味芳香，无酸腐味道						
	③尝口感	口感酸爽、鲜美，味道纯正，无苦味、涩味						
3.泡菜的总体评价	①温度的控制与泡菜的关系	温度控制是否合适，与泡菜口感、口味的关系						
	②发酵瓶中的空气与发酵的控制	发酵过程中空气含量对发酵的关系						
	③泡菜容器与泡菜的整体形象	容器透明，易观察发酵过程变化，欣赏五颜六色的菜品，给人良好的视觉享受						
	④泡菜宣传词	给泡菜起的名字和宣传词是否具有网红的潜质						
4.评分	自评分：　　　　他评分：　　　　师评分：　　　　　　总评分：							

036

四、亚硝酸盐含量的测定

1.测定亚硝酸盐含量的原理

在盐酸酸化条件下，亚硝酸盐与对氨基苯磺酸发生重氮化反应后，再与N-1-萘基乙二胺盐酸盐结合生成玫瑰红溶液。将经过反应显色后的待测样品与标准液比色，即可计算出样品中的亚硝酸盐含量。

2.材料与器具

泡菜，对氨基苯磺酸，N-1-萘基乙二胺盐酸盐，氯化钠，氢氧化钠，氢氧化铝，氯化镉，氯化钡，亚硝酸钠，蒸馏水，移液管，容量瓶，比色管，榨汁机等。

3.步骤

（1）配制溶液

对氨基苯磺酸溶液：称取0.4 g对氨基苯磺酸，溶解于100 mL体积分数为20%的盐酸中，避光保存（4 mg/mL）。

N-1-萘基乙二胺盐酸盐溶液：称取0.2 g N-1-萘基乙二胺盐酸盐，溶解于100 mL的水中，避光保存（2 mg/mL）。

亚硝酸钠溶液：称取0.10 g于硅胶干燥器中干燥24 h的亚硝酸钠，用水溶解，加水至500 mL，再转移5 mL溶液至200 mL容量瓶，定容至200 mL（5 μg/mL）

提取剂：分别称取50 g氯化镉、氯化钡，溶解于1000 mL蒸馏水中，用盐酸调节pH至1。氢氧化铝乳液和2.5 mol/L的氢氧化钠溶液。

（2）配制标准液

用移液管（图3-6）吸取0.20 mL、0.40 mL、0.60 mL、0.80 mL、1.00 mL、1.50 mL亚硝酸钠溶液，分别置于50 mL比色管中，再取1支比色管作为空白对照，并分别加入2.0 mL对氨基苯磺酸溶液，混匀，静置3～5 min后，再分别加入1.0 mL N-1-萘基乙二胺盐酸盐溶液，加蒸馏水至50 mL，混匀，观察亚硝酸钠溶液颜色的梯度变化（图3-7）

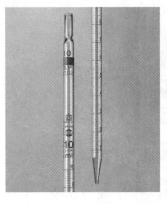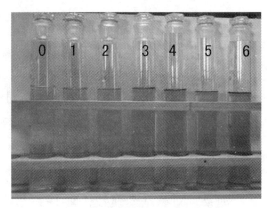

图3-6　刻度移液管(左)与单标记移液管(右)　　图3-7　亚硝酸钠标准显色液

（3）制备样品处理液

将样品做好标记后，分别称取0.4 kg泡菜，榨汁过滤得200 mL汁液。取其中100 mL移至500 mL容量瓶中，加200 mL蒸馏水、100 mL提取剂，混匀，再加入40 mL氢氧化钠溶液，用蒸馏水定容至500 mL后，立即过滤。将60 mL滤液转移至100 mL容量瓶中，加入氢氧化铝乳液（吸附脱色），定容至100 mL，过滤。

（4）比色

吸取40 mL透明澄清的滤液，转移到50 mL比色管中，将比色管做好标记。按步骤（2）的方法分别加入对氨基苯磺酸溶液和N-1-萘基乙二胺盐酸盐溶液，并定容至50 mL，混匀，静置15 min后，观察样品颜色的变化，并与标准显色液比较，找出与标准液最相近的颜色，记录对应的亚硝酸钠含量，并计算。每隔2天测一次，将结果记录在下表中。

泡菜腌制过程中亚硝酸盐含量的变化（mg/kg）

	样品一	样品二	样品三	…
腌制天数				
比色结果				
亚硝酸盐含量				

第四章　葡萄酒的制作和酵母菌的观察

本章聚焦

1.学习制作葡萄酒。
2.观察酵母菌的形态和结构。

学前储备

　　在自然界中，酵母菌分布广泛，"喜欢"葡萄汁等含糖量高的果汁。葡萄在秋季成熟落地，会流出果汁，果汁周围的土壤中就会有大量的酵母菌生长、繁殖。到了冬天，酵母菌形成孢子，进入休眠状态。由春至夏，土壤的温度逐渐升高，酵母菌便又进入了旺盛的生长和繁殖时期，土壤始终是酵母菌的大本营。土壤中的酵母菌，可以通过各种途径传播到葡萄上：一阵清风可能将酵母菌吹到葡萄上，飞溅的雨水可能将酵母菌溅到葡萄上，昆虫吸食葡萄汁的同时，也传播了酵母菌。仔细观察，发现葡萄的表面有一层白霜，这层白霜是葡萄本身分泌的糖醇类物质，不会溶于水，对人体无害，被称为果粉。果粉可以减少水分的蒸发，从而防止果实采摘后快速失水皱缩。果粉还含有酵母菌，所以自制葡萄酒在发酵时可以不另加入酵母菌。

第一节　葡萄酒的制作

一、目的要求

1.学习葡萄酒制作的原理。

2.以小组为单位制作葡萄酒。

二、基本原理

1.有氧条件

酵母菌进行有氧呼吸，大量繁殖。反应式如下

$$C_6H_{12}O_6+6O_2\rightarrow6CO_2+6H_2O$$

2.无氧条件

酵母菌进行酒精发酵。反应式如下

$$C_6H_{12}O_6\rightarrow2C_2H_5OH+2CO_2$$

3.影响酒精发酵的主要环境条件

温度（酒精发酵一般是将温度控制在18～25 ℃范围内，在20 ℃时最适宜）、氧气（酒精发酵过程中要保持缺氧条件）和pH（酸性环境）。

三、酿酒流程示意图

挑选水果 —→ 冲洗 —→ 榨汁 —→ 酒精发酵 —→ 醋酸发酵

果酒　　　　果醋

四、器材

1.仪器或其他用具

无菌玻璃器皿，一次性手套，筷子等。

2.实验材料

新鲜葡萄。

3.其他

白糖。

五、操作步骤

1.容器准备

选择优质的带盖玻璃瓶。注意：①避免使用含铁、铝的金属容器，防止发酵葡萄被氧化。②要保持容器避光，因为光照会直接影响葡萄酒的发酵质量。

2.葡萄准备

购买葡萄时注意保证葡萄新鲜、没有病虫害而且颗粒丰润饱满，注意整串葡萄的颗粒大小差别不大、颜色浓郁（紫红色、紫黑色）为最佳。

3.破碎制汁

将清洗好的葡萄放在容器中晾干水分，去梗，戴手套充分捏碎每一粒葡萄，保证葡萄的果皮、果肉分离彻底，尽可能捏成汁液状态。完成之后即可把捏碎的葡萄倒入准备好的发酵器皿中开始发酵。

4.封闭发酵

发酵前期，每天用无水无油的木筷子搅拌两次，上午一次，下午一次，连续7 d，目的是让酵母菌大量繁殖。温度控制在25～30 ℃之间，若出现了分层，即预示葡萄酒基本制成。前期的发酵工作做完之后即可封闭发酵器皿发酵。发酵过程中，糖分会被酵母菌消耗掉一部分，所以要适当添加白糖。市场上的葡萄直接酿造出来的酒精含量很低，不会超过12度，在不添加防腐剂的情况下很容易变酸，加入白糖可提高酒精度。通常白糖添加量达到葡萄质量的8%到10%就可以了。

5.后期发酵

葡萄酒的发酵时间大概在1个月左右，后期发酵前要把容器里面的葡萄皮、葡萄籽、酵母泥状物过滤干净，过滤完的汁液倒入合适大小的容器中，拧紧瓶口，并使温度保持在20～25 ℃，保藏十几天左右。

6.陈酿储存

自制葡萄酒的保质期只有一两个月，因为过滤、杀菌等步骤很难做到位。保持容器避光，温度控制在12～14 ℃之间。

> **小·提示**
>
> 封闭发酵的葡萄汁液不能装满容器，最少留出约1/3的空间。因为在发酵前期葡萄酒的汁液混合物会产生大量的气泡，整体膨胀，导致汁液溢出。

7.成功标准

闻起来没有异味，喝起来像干红，放糖多的像香槟，看上去比较澄清。如若遇到发酵完的葡萄酒颜色方面达到了标准但香气欠缺的问题，可再静置一段时间，就可以达到香气、颜色共存的效果。

六、葡萄酒的品鉴（见表4-1）

表4-1　葡萄酒制作评价量表

栏目		概述	评分					
			自评			他评		
			10分	8分	6分	10分	8分	6分
1.是否完成葡萄酒的制作	①了解葡萄酒的制作原理	能准确说出制作原理						
	②实验材料和器材的选择	了解器具、器材的用处，并安全使用						
	③实验操作与葡萄酒制作	对制作流程能做到心中有数，能按设计完成实验，制作出葡萄酒						
2.葡萄酒质量评价	①看色泽	从色调、透明度、稠黏度、光亮度、色泽强度、气泡、沉淀物等方面观察						
	②闻气味	葡萄酒的气味有无酸腐味道						
	③看挂杯	酒液晃动后在酒杯壁上形成的酒液缓慢往下流动的程度						
3.总结不同条件对葡萄酒质量的影响	①温度的控制与葡萄酒的关系	温度控制是否合适，与葡萄酒的口感、口味的关系						
	②发酵瓶中的空气与发酵的控制	发酵过程中空气含量与发酵的关系						
	③容器与葡萄酒的整体形象	容器透明，易观察发酵过程变化，欣赏葡萄酒的变化过程，给人视觉享受						
	④其他	拍摄影像资料，记录制作过程						
4.评分	自评分：	他评分：	师评分：			总评分：		

思考与讨论

1. 对发酵瓶、纱布、榨汁机、盛葡萄汁的器皿等实验用具如何消毒？

2. 取葡萄500 g，先清洗还是先去除枝梗和腐烂的籽粒，为什么？

3. 用清水冲洗葡萄1～2遍除去污物，注意不要反复多次冲洗，为什么？

4. 榨取葡萄汁后，将其装入发酵瓶中，为什么注入的果汁量不要超过塑料瓶总体积的2/3？

5. 为什么将发酵瓶置于适宜的温度下发酵？

6. 为什么酿的葡萄酒喝起来是酸的？

技能提升

学会做葡萄酒后，你还可以尝试制作家庭酒酿——南方的醪糟，北方的甜醅子。

学 无 止 境

葡萄酒的品鉴"两看"

一看——颜色

对葡萄酒颜色的鉴别要先将酒杯握在手中倾斜45°，观察酒液与杯壁交接的半月面，如此可以反映葡萄酒的真实色彩，酒杯的背景一定要是纯白的，最好在自然光的环境中。要比较几种葡萄酒的色泽，酒杯一定要一样，杯中的酒要一样多。（注意：白炽灯光源比自然光要缺失一些单色光，荧光灯属原子发光，有自己的基本色彩，它们都不能反映葡萄酒的真实颜色，所以千万不要手拿着酒杯，朝着白炽灯或荧光灯观察。）

你好，微生物

学 无 止 境

二看——挂杯

挂杯也称酒泪或酒脚，即酒液晃动后在酒杯壁上缓慢往下流动的情景。酒中的各种成分蒸发速率和表面张力不一样，其中酒精蒸发最快。酒的度数越高，酒液表面的水分越多。在摇杯后，酒表层里的各种成分都与杯壁接触产生表面张力，表面张力与向下的重力对抗时，就产生挂杯现象，而水的张力最大，挂杯的主要是水分，所以酒度数越高，挂杯越明显。

第二节　酵母菌的观察

一、目的要求

2.绘制酵母菌形态。

二、基本原理

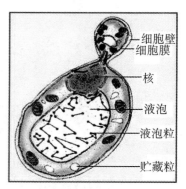

图4-1　酵母菌细胞结构示意

酵母菌是单细胞真菌，可在缺氧环境中生存，是人类直接食用量最大的一种微生物。酵母菌形态通常有球形、卵圆形、腊肠形、椭圆形、柠檬形或藕节形等，一般宽度为 $1\sim5\ \mu m$，长度为 $5\sim30\ \mu m$，有细胞壁、细胞膜、细胞核、细胞质等结构（见图4-1）。已知有1000多种酵母菌，酵母菌主要生长在偏酸性的潮湿的含糖环境中。酵母菌体内含有丰富的蛋白质、脂肪、糖分和B族维生素等，以及酶、辅酶、核糖核酸、甾醇和一些新陈代谢的中间产物，能提高发酵食品的营养价值。

三、器材

1.仪器或其他用具

显微镜，载玻片，盖玻片，酒精灯，接种杯等。

2.试剂

蒸馏水，0.5%美蓝染液。

3.实验材料

酵母菌菌剂。

四、操作步骤

1.在载玻片中央滴加一滴清水或一滴0.5%美蓝染液。

2.取酵母菌菌剂少许在载玻片试剂中混匀。

3.用镊子夹一片盖玻片盖于菌液上（注意不要产生气泡），压片让菌剂散开。

4.制好临时装片放在显微镜下，先低倍后高倍观察酵母菌形态并绘图。

小·提示

绘图时注意用铅笔以点代线绘图。

第五章　苹果醋的酿制和醋酸菌的培养

本章聚焦

1.学习制作苹果醋。

2.了解苹果醋酿制的原理。

3.学习醋酸菌的分离与培养。

学前储备

　　人们发现将啤酒、葡萄酒等酒精含量较小饮料放置于空气稍久，液面上长一层薄膜，酒精逐渐变为醋酸，这是醋酸杆菌所为。

　　醋酸杆菌是一种好氧细菌，只有当氧气充足时，才能进行旺盛的生理活动，主要分布在花、果实、葡萄酒、果园土壤中。在变酸的酒的表面观察到的菌膜就是醋酸杆菌在液面大量繁殖而形成的。

第一节　苹果醋的酿制

一、目的要求

1.学习制作苹果醋。

2.尝试培养醋酸菌，并对其进行简单鉴别。

二、基本原理

1.当氧气、糖源都充足时，醋酸菌将葡萄汁中的糖分解成醋酸。反应式如下：

$$C_6H_{12}O_6 + 2O_2 \rightarrow 2CH_3COOH + 2CO_2 + 2H_2O$$

2.当缺少糖源时，醋酸菌将乙醇变为乙醛，再将乙醛变为醋酸。反应式如下：

$$2C_2H_5OH + O_2 \rightarrow 2CH_3CHO + 2H_2O \quad 2CH_3CHO + O_2 \rightarrow 2CH_3COOH$$

或者 $C_2H_5OH + O_2 \rightarrow CH_3COOH + H_2O$

3.发酵条件

（1）温度：30~35 ℃。

（2）氧气：始终需氧。

三、器材：

1.培养基

牛肉膏蛋白胨培养基。

2.仪器或其他用具

酒精灯，无菌培养皿，玻璃封闭器皿，移液器，无菌枪头，封口膜，记号笔等。

3.试剂

无菌水。

4.实验材料

新鲜苹果、醋酸菌剂。

四、操作步骤

1.果醋制作实验流程示意图

挑选葡萄→冲洗→榨汁→酒精发酵→果酒→醋酸发酵→果醋

当果酒制成以后，量取500 mL，在发酵液中加入醋酸菌或醋曲，然后将装置转移至30~35 ℃的条件下发酵，适时向发酵液中充气。如果找不到醋酸菌菌种或醋曲，可尝试自然接种，但效果不是很好。如果没有充气装置，可以将瓶盖打开，在瓶口盖上纱布，以减少空气中尘土等的污染。

2.苹果醋制作

苹果醋制作：醋300 g，苹果300 g，蜂蜜60 g。将苹果洗净削皮，切块放入广口瓶内并加入醋和蜂蜜摇匀。密封置于30～35℃的条件下发酵，一周后即可开封。

第二节　醋酸菌的培养与观察

一、目的要求

1.培养醋酸菌。
2.观察醋酸菌的形态。

二、基本原理

醋酸菌属于醋酸单胞菌属，形态多样，细胞从椭圆到杆状，单生、成对或成链多种形态，老培养物中易呈多种畸形，如球形、丝状、棒状、弯曲等。醋酸杆菌属在比较高的温度下（39～40℃）可以发育，增殖的适温在30℃以下。醋酸杆菌培养基成分如下表：

葡萄糖	酵母膏	琼脂	CaCO₃	水	pH
10 g	10.0 g	15.0 g	20.0 g	1000 mL	6.8～7.0

三、器材

1.培养基
醋酸杆菌培养基。
2.仪器或其他用具
酒精灯，无菌培养皿，无菌涂布器，接种环，移液器，无菌枪头，封口膜等。
3.试剂
无菌水。
4.实验材料
制作的果醋。

四、操作步骤

取发酵好的苹果醋，用十倍稀释平板涂布法分离醋酸菌，将其培养在37 ℃的恒温箱中一到两天，观察并记录其培养形态和显微形态（具体可参考第三章第二节《乳酸菌分离》）。

小·提示

绘醋酸菌的显微形态需在100倍放大倍数光学显微镜下观察。

故事篇

　　如果你认为微生物的生命只是卑微地存在于它小小的身躯中，那么你对它了解得还不够。让我们走进《故事篇》，欣赏微生物在现代艺术上惊艳的创造力，体验微生物在历史长河中浓墨重彩的一幕。

第六章　奇妙的微生物世界

1. 欣赏用微生物创造的艺术作品，拓宽视野，体会创造无处不在。
2. 通过阅读资料了解微生物与人类生活息息相关的方方面面。

第一节　生物培养皿绘画大赛

一、生物培养皿绘画大赛

咖啡喝腻了，咱们来点拉花；

沙子可以用来建筑房屋，也可以用来绘制沙画；

玻璃杯总被用来盛水，摇身一变也能成为进阶的音符；

平日里枯燥无味的实验室，是否也能成为艺术创作的圣地？

在微生物实验室里，其实也有不走寻常路的"灵魂画手"。他们用培养皿当"纸"，接种环当"笔"，用各色细菌和真菌当"颜料"，在显色琼脂培养基上培养细菌、真菌等微生物，通过呈现某种图案而达到艺术的效果，画出了别具风味的作品。由美国微生物学会、中国微生物学会分别举办的"全球琼脂板艺术大赛"，充分展示了全世界微生物学家们的艺术造诣。接下来我们一起欣赏一下大神们的佳作。

二、培养皿大赛佳作欣赏

第一幅：《路易斯·巴斯德》画像（图6-1），路易斯·巴斯德是巴氏消毒法的发明者。这无疑是一幅充满了情怀的作品。

图6-1 路易斯·巴斯德

图6-2 神经元

第二幅（图6-2）：来自新英格兰生物实验室。这幅作品叫"神经元"，创作者能够培育出这么好看的产黄色和红色色素的菌种让人出乎意料。提交该作品的研究员解释，他们用的是黄色的涅斯捷连科氏菌、橙色的异常球菌和鞘氨醇单胞菌进行绘画。在30 ℃下培养2 d后，再用氧树脂把作品永久密封起来。

第三幅：《收获季节》就像是一幅传统绘画，真实面目却是脱胎于微生物体和琼脂。作者解释它的制作方法：因用于这件作品的微生物的β-胡萝卜素代谢途径中相关酶被改造，导致色素出现从黄到红的颜色变化。这幅画描绘了一处乡间简陋的农舍和麦子地（图6-3）。

图6-3 收获季节

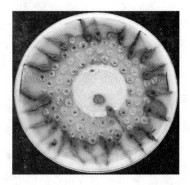

图6-4 第一次竞速

第四幅（图6-4）：《第一次的竞速》，这幅画描绘的是受精过程，众多的精子争先恐后地抢着与卵子受精，最终只有一个精子获胜。科研人员选用了一种特殊的选择性培养基，红色的菌落是金黄色葡萄球菌，绿色（蓝绿色）的是木糖葡萄球菌，黄色来自谷氨酸棒状杆菌，白色的是猪葡萄球菌。

第五幅：《这不是一杯啤酒》的图案很简单，但这个创意很有趣。科研人员用过氧化氢酶阳性的耐甲氧西林的金黄色葡萄球菌进行绘画。细菌的菌落画出了酒杯的图案，啤酒泡沫则是过氧化氢酶分解过氧化氢在局部产生氧气泡的结果（图6-5）。

图6-5　这不是一杯啤酒

图6-6　萌宝

　　第六幅：2017年8月中国微生物学会举办了第一届中国微生物培养皿艺术大赛。获得一等奖的作品《萌宝》（图6-6），熊猫宝宝憨态可掬，令人喜爱，创作者主要采用了毕赤酵母和出芽短梗霉进行绘图。

　　第七幅：《精业济群80载》是为庆祝中国药科大学建校80周年创作的，有人为此撰写了对联，上联：菌为翰墨皿为纸，学子善书；下联：天作棋盘星作子，谁人能下；横批：生日快乐！（图6-7）突显出作品的与众不同。

图6-7　精业济群

　　看了这几幅作品有没有为大神们的艺术造诣折服？要知道，用微生物在琼脂上作画，难度非常大。首先，铺到平皿中的琼脂培养基，表面要非常平整，以利于"作画"。其次绘画者完全是在"蒙着眼睛"作画——绘制时看不到任何颜色，完全不知道画成了什么样子，只有当细菌或真菌长出来时才能看到颜色。第三需要把握好微生物接种的量。接种量过大，长出的菌落过多，颜色容易弥漫，线条容易变形；接种量小，长出的菌落少，"画笔"又容易太浅。最后，还需要琼脂培养基有很好的品质，保证菌落的生成和显色。这正是"看似寻常最奇崛，成如容易却艰辛"。

三、我们的琼脂绘画

第一幅：《复兴梦——初心》

1. 创意理念

作品的主体辽宁舰，是中国人民解放军海军隶属下的一艘可以搭载固定翼飞机的航空母舰，也是中国第一艘服役的航空母舰。看啊，它正气贯长虹地航行在祖国领海上，浪花滚滚，为祖国的领土完整而坚守着！

图6-8

作品的左上角是中国台湾地图。台湾自古以来都是中华人民共和国的领地，略略一算，台湾离开母亲的怀抱已经70年了。收复台湾，是中华民族的愿望，是中国人民永恒不变的初心！

作品的右上角是一名当代的青少年，他身戴红领巾，远望台湾领土，身下，是辽宁舰和我国领海，表现出青少年对祖国领土完整的真切期盼，也是我们青少年的初心！少年是祖国的希望，只有我们强大了，才能为祖国打拼出美好的未来。国、强两字，更是我们初心的明确体现。

2. 创作过程

为了凸显"初心"这一主题，设计图稿可谓是费尽心思。我们查阅了大量的资料，经过讨论，一致决定放大其格局，要以一代青年人的身份，站在更广阔的视角来展现宏大而永恒的"初心"，经征询家长和老师的建议，不断地对画稿进行修改和完善，就有了现在的画稿（图6-8）。

完成画稿的创作，下一步就是在培养基上作画了。倒平板、称量药品、加水溶解、加热、灭菌、倒培养基……这之后就要开始在培养皿上操作了。

培养基中加了琼脂，呈现出果冻样状态，在"果冻"上作画可着实不容易。以培养基为"画板"，以接种针、牙签或棉签为"画笔"，能使用的"颜料"是芽孢杆菌制成的菌液，细菌个体微小，肉眼无法看到，作画过程几乎就是盲画。用牙签、接菌针稍不注意就会戳破培养基，更有甚者引起杂菌感染，画面满目疮痍，作品效果不尽如人意，甚至有些是看不出来到底画了些什么。功夫不负有心人，经过多次练习，菌种按照我们的设定，接种在哪里它就生长在哪里，给它一道线条它就长成一条道路，给它一片区域它就长成一座山峰，终于小有成就。图6-9为我们众多作品中较为完美的作品。可喜的是在第六届全国青年科普创新实验暨作品大赛中我们的作品获得甘肃省一等奖（见图6-10）。

图6-9

面对成绩，我们发现平皿作画使用的菌种单一，作品的颜色还比较单调，要让颜色丰富多彩，需要不同种类的菌种，逐步添加平皿绘画的"颜料"，让平皿绘画作品五颜六色。

第二幅：校庆六十周年献礼《校徽》《校庆图标》

1.创意理念

2019年，我们迎来了兰化一中的六十华诞，在这里我们想真切地对母校说一声："生日快乐"。韶光流转，盛事如约，滴滴点点，怎能忘却六十年的风雨沧桑；洋州毓秀，桃李数载，兰芝自芬，怎能忘

图6-10

却六十年的耕耘播雨；菁菁校园，沐风九月，学步依依，怎能忘却六十年的硕果累累；泡桐飘香，玉兰魂牵，传道授业，怎能忘却六十年的桃李芬芳。所以，我们想用最美妙的礼物为母校庆生，我们要把最诚挚的祝福送给母校。

经商讨，我们选择了能反映兰化一中办学文化的校徽和校庆六十年的图标做图案，用平皿创造艺术画，为兰化一中六十岁生日献礼。

（1）校徽释义

校徽（图6-11）以标志性建筑——兰化一中"人"型大门的造型为主图案，蓝色主色调体现了理性、厚重、深邃、宽容的文化品格，中文"蘭化第一中学"采用全国人大常委会副委员长周谷城先生的手书，"兰州六十一中"采用规范的宋体书写，"1959"标明建校时间。"兰化第一中学"英文标识保证了构图的完

整性及国际化视野。

　　校徽由三个同心圆构成主体画面，内圆代表学生群体、中间圆环代表教师群体、外围圆环代表学校所处的社会环境（包括学生家长群体、社区环境、上级机构、协作单位等），社会环境保证学校的持续发展、教师们精心呵护着学生健康成长，三圆同心预示着三者紧密团结、和谐发展。

图6-11

　　标徽"人"字，表明入者懵童、出者人也，也表明了"人人都是好学生，人人都能成人才"的兰化一中教师的学生观和人才观，及"育人为本，科研兴校，追求卓越，走向国际化"的办学理念。人字形下左右两个图块，从构图结构解释它既揭示了品德、学识为做人的基石；又表明作为人的个体，需要他人的依托，强调"彼此相互尊重，相互关爱，富有爱心，做人要大气，处事要大度，对人对物总是替对方着想，与人为善，友好相处，和谐发展"的兰化一中人所具有的做人基本准则。

　　门中深色调托出阿拉伯数字"1"与英文标识一起，恰如其分地表达了"省内一流，国内知名，走向国际化"的兰化一中办学目标，同时也告知世人兰化一中现有的办学质量、办学实力、学校影响力和学校形象。上边的"人"与下边的"1"相结合，表明了"让每一个学生都得到最充分和谐的发展（合格+特长）"。

图6-12

　　"1959"标明的建校时间，表示了学校悠久的历史，内圆中浅色部分由蓝色托出飞机张开两翼的抽象图案，表明兰化一中是放飞理想、成就梦想的校园，预示我们的学生将以德、智为主体，以体育、艺术为两翼，展翅飞翔在蔚蓝的天空，并且其动态而向上趋势的构图，表明兰化一中人不满足于现状，求新、求变，标新立异，敢为天下先的积极的做事态度。

　　校标整体为圆形，不但表现兰化一中不断追求完美的"日清日毕、日新日高；没有最好、只有更好、追求卓越"的工作理念，也体现出兰化一中人博大、宽容、友好的做人理念。

（2）校庆logo释义

校庆60年徽标（图6-12）采用数字60为原型，与"兰化"两字的书法字体相融合设计而成，字体造型采用浪花元素设计，既象征兰化一中乘风破浪的60年历程，也寓示黄河对兰化一中的孕育和兰化一中源源不断地向社会培养时代精英。60年辉煌历程，锻造出兰化一中人坚韧、拼搏、刚毅、低调的性格，如同滔滔黄河之水奔腾不息，绵延千里，犹如勇立潮头的浪花，欢快而跌宕，向着更高、更强的目标冲击，形成惊涛拍岸、浪遏飞舟的豪迈气势。

2.创作过程

有了前面的创作经验，给母校献礼的平皿绘画创作过程变得愉快了很多。一来对校徽和校庆图标所蕴含的文化理念有了更深刻的认识，二来激发了对母校的热爱。带着炙热的情怀我们成功完成了图6-13、图6-14所示创作。

图6-13

图6-14

第二节　认识无处不在的微生物

为什么有的人特别招蚊子？除了体温说、血型说、二氧化碳说，你还知道别的原因吗？

为什么相对于顺产，剖宫产的婴儿更容易得免疫系统疾病？

为什么城市里长大的孩子过敏、哮喘、患肠炎的概率高？

这一切都与一群名为人体微生物的家伙们有关！它们不是生来就有的，但自从你呱呱坠地的那一刻起，就与你形影不离！有研究发现，如果把一个成年人体内的微生物堆积起来，质量竟可达1.4 kg。1977年，美国微生物学家卡尔·乌

斯和乔治·福克斯通过比较细胞层次的生命形式，运用rRNA绘制出了生命树，他们揭晓了一个令人震惊的事实：微生物数量比所有植物和动物的总和还多。

存在于我们体内和体表的微小生物集合，被称为人类微生物群，它们的基因被称为人类微生物群组。它们对人体的作用，主要包含以下两个方面：

1.微生物在我们生活的方方面面扮演着不可或缺的角色，包括消化、免疫反应甚至行为举止等。不同组的微生物群寄居于人体的不同部位，各司其职，构成了一个完整的生态系统。我们身上所出现的很多种古怪现象，诸如"有些人特别招蚊子"，可以运用人体微生物的多样性得到解答。

2.微生物解释了人与人之间存在差异的原因。虽然人与人之间，从遗传物质上相似度高达99.99%，而在肠道内的微生物却只有10%的相似度。这种来自微生物的区别，很好地解释了人们之间从体重到过敏反应，从生病概率到焦虑程度等各种差异的原因。

微生物重新定义了人类。现在利用新一代DNA测序方法，科学家们可以从身体的不同部位采集细胞样本，迅速分析里面包含的微生物DNA，并把全身样本细胞的信息结合起来，以识别寄居在我们身上的成千上万种微生物。简单来说，我们现在可以创建自己的微生物地图，相信在不久的将来，医生们会将"微生物地图"作为常规医疗检测项目。另外，新兴的研究表明微生物和肥胖症、关节炎、自闭症和抑郁症等多种疾病之间存在着未知的联系。随着对这些研究的不断深入，我们也看到了治愈这些疾病的曙光。

一、人体寄居着纷繁复杂的微生物

1.我们体内究竟有多少微生物

人是由大约10万亿个人源细胞组成的，但是人体却携带着约百万亿个微生物细胞。从遗传的角度来说，我们所继承的基因99%都是微生物基因。这意味着：你的大部分都不是你自己！这深深地打击到了人类的自尊心，这种打击丝毫不亚于当初人类发现地球并不是宇宙的中心。

我们所携带的微生物数量繁多，种类复杂。它们大多都是单细胞有机体，它们到底寄居在哪里，又在做些什么呢？下面，让我们通过仔细观察人类的身体来一探究竟吧！

2.皮肤表面微生物的喜好

微生物寄居在皮肤上所产生的东西到底有什么用，科学家们还不确定，但有一点是非常明确的：微生物让身体产生异味。这些微生物在享用体表分泌物的同时，也会导致分泌物的味道变得更加浓郁。

现在我们来回答为什么有的人特别招蚊子。在这件事情中，微生物是始作俑者。微生物使皮肤分泌的化学物质发生代谢变化，产生体味，蚊子对其中某些体味情有独钟，因此，拥有这种体味的人就特别招蚊子。杀死微生物，就可以缓解被蚊子咬的现状吗？答案是肯定的。微生物科学家们正在研究如何通过涂抹抗生素达到终极驱蚊效果。不过，杀死微生物的方法也需要警惕。那些寄居于体表的良性微生物居民，实际上也帮了我们很大的忙，它们的存在让其他一些难对付的微生物很难感染我们。

科学家们发现，不同身体部位的皮肤上寄居着不同的微生物。寄居在人类左手上的微生物，与寄居在右手上的截然不同。如果把某个人的电脑鼠标上的微生物与其手掌微生物进行匹配，相似率高达90%。而且，寄居在你手上的微生物与其他人手上的也是不一样的，差异性高达85%，这就意味着每个人都拥有一套独一无二的微生物指纹。

3.呼吸道内微生物的善恶之分

鼻孔里寄居着独特的微生物，其中有金黄色葡萄球菌，生病的人会感染葡萄球菌，而鼻子里的其他微生物居民，可以阻止金黄色葡萄球菌在那儿安家。生存环境会影响鼻子中的微生物类型。例如，那些住在农场或农场附近的孩子，长大后得哮喘症和过敏症的概率就很小。

接下来说说肺部，肺里找到的通常都是死亡的细菌。这是因为肺里含有多种抗菌肽，一旦有细菌附着在上面就会被它们杀死。但在病人体内，例如艾滋病病人，医生们常会发现一些诱发肺部疾病的有害微生物。

4.消化道中微生物的魅力

口腔中的大部分微生物居民对我们是有益的，它们会形成菌膜来抵挡有害细菌，还会放松我们的动脉，甚至帮助我们调节血压。但口腔内有一种叫作变异链球菌的有害细菌，它们喜欢腐蚀我们的牙齿，是诱发龋齿和牙周疾病的罪魁祸首。

胃是一个高度酸性的环境，只有少数几种微生物能在这里生存，其中尤为重要的是幽门螺旋杆菌，它们在胃溃疡的形成过程中起了很大作用。如今我们了解到，超过半数的人体内都存在幽门螺旋杆菌，却只有少数人患上了胃溃疡。这是因为，幽门螺旋杆菌只是引起胃溃疡的诸多危险因素之一。

肠道是人体内的微生物寄居"富人区"。那儿有6～9m长的空间，气候温暖、食物丰富、水源充足，还有一个便利的废物处理系统，对微生物的生存十分有利。肠道微生物，主要来自厚壁菌门和拟杆菌门这两大类细菌群体。它们对于消化食物来说十分重要，但也与许多疾病相关，包括肥胖症、炎症性肠病、结肠癌、心脏病、多发性硬化以及自闭症等。

二、微生物是父母给孩子最好的礼物

1."顺"或"剖"，这是个问题

父母总想把最好的东西留给孩子，美国肠道项目和微生物基因组研究项目创始人罗布·奈特（Rob Knight），是一位研究体内微生物在婴儿出生前所扮演角色的科学家，他认为胎儿通过产道时，身上沾满的密密麻麻的微生物会形成一层保护膜来保护孩子，对孩子的健康有着至关重要的作用。只可惜造化弄人，他的妻子在生产过程中，胎儿出现了宫内窘迫现象，这对夫妇不得不放弃顺产，转而选择了剖宫产。但他没有放弃来自微生物的祝福，于是选择了用棉签将妻子阴道内的微生物样本涂抹到了女儿身上。他为什么要这样做？孩子不是顺产的又如何呢？他认为如果婴儿是剖宫产的，其身上的微生物就与成人皮肤上的微生物相似，与顺产婴儿身上的微生物群截然不同，这可能导致剖宫产出生的婴儿更容易得许多与微生物或免疫系统如哮喘之类的疾病。

2.人体内微生物群变形记

所有经由阴道顺产的人身上，都拥有非常相似的微生物群，但是到了成年以后，微生物群之间的差别却会很大。可见人体微生物群在成长的过程中，发生着奇妙的转变。概括起来，有以下几类原因：

（1）抗生素的摄入。抗生素对儿童体内微生物群的影响巨大，接受注射后儿童体内的微生物群不仅变得像另一个人，甚至像另一个物种。因此，注射抗生素时，一定要注意剂量和频率。

（2）饮食的不同。从长远看，吃什么食物就会变成什么样的人。通过为期一年的观察，科学家们发现，饮食影响最大的作用，就是调节了两大主要细菌的平衡——一种是消化蛋白质的细菌，另一种是消化膳食纤维的细菌。研究发现：饮食的影响，在生命早期就开始显露了。吃母乳的婴儿可以接触到母乳中的特殊微生物，以及促进益生菌增长的特殊糖。但是婴儿到了6个月后，短期饮食干预对体内肠道微生物群的影响会变得非常小。

（3）环境的差异。在儿童时期环境因素的影响尤为重要。事实证明，小孩子吃手并不完全是一件坏事。到了青少年时期，孩子们接触到的微生物种类越多，他们出现免疫系统缺陷的概率就越小。

三、微生物与人类健康息息相关

1.感染病菌不一定得病

人类身上的微生物会诱发许多特殊疾病，比较显著的是感染类疾病和炎症性肠道疾病，不明显的有多发性硬化、自闭症和抑郁症。决定我们是否患病的，除了接触到致病微生物以外，还取决于接触微生物的频率、基因构成以及其他因素。

"伤寒玛丽"是纽约的一位厨师，她身上携带了诱发伤寒的伤寒杆菌。某一次她的家人在品尝过她做的菜后，无一幸免地染上了伤寒，然而玛丽自己却没事。科学家们发现，玛丽对自身携带的伤寒杆菌有着天然的免疫力。可见，一些人天生就具有抵抗某些疾病的能力，不是所有人接触到致病微生物都会感染疾病的。

2.胖不胖最终决定权不在你

真正导致肥胖的是微生物，在小白鼠实验中，科学家们将肥胖小白鼠排泄物中的微生物提取出来，移植到无菌的小白鼠身上，无菌小白鼠很快变得越来越胖。实验结果让人兴奋不已，在未来人类或许也可以通过移植他人排泄物中微生物的方式，达到减肥的效果。

3."洁癖"和"泥巴"之间的平衡点

提高人体所携带微生物的多样性，对降低过敏性疾病患病率，有着明显的效果。太爱干净会导致免疫问题，因为长期不接触微生物，会让我们的免疫系统变得焦躁而敏感。当然，也不可盲目鼓励孩子们吃受污染的肉类、舔舐医院地板。在太爱干净和太不爱干净之间，找到一个最恰当的平衡点才是最好的。据此，研究者总结了如下几条建议：

（1）养一条狗（但一定要尽早，最好在产前开始）；

（2）住在农场里，这样你的孩子就可以接触牛和稻草；

（3）在生命的早期尽量避免抗生素；

（4）尽可能接触益生菌并坚持母乳喂养。

四、微生物对情绪及行为的影响

你或许会觉得微生物影响情绪和行为这样的说法显得有些无稽，但若你能耐心看完以下内容，那你很快就会改变这种想法。影响具体表现在以下几个方面：

1.微生物对人类身体的化学物质有影响。

微生物能与免疫系统相互作用，从而对我们的大脑产生影响。这种作用机制，被称为菌-肠-脑轴。

例如，颤杆菌会产生一种功能类似于天然镇静剂的化学物质，它会模仿神经递质γ-氨基丁酸的作用，降低脑部的神经活动，从而导致抑郁症。

2.微生物会塑造我们的思想。

自闭的小白鼠实验：萨尔基斯·马兹曼尼亚曾培育了一种与人类拥有类似的自闭症状的小白鼠，它们有认知障碍，也有社交障碍，会表现出重复行为。他发现小白鼠某些自闭症状的出现，与名为4-EPS的分子有关。只要给正常的小白鼠幼崽注射这种分子，它们身上就会出现自闭症的症状。反之，如果给自闭小白鼠注射母牛分枝杆菌的疫苗，就会缓解认知障碍等症状。

3.微生物对行为以及思考方式产生影响。

有时候人类基因可以决定我们体内有哪些细菌寄居，而这些细菌还会反过来影响我们的行为和思想。

肥胖的小白鼠实验：科学家发现，体内缺少TLR5基因的小白鼠体内，有着让它们饥饿感更强的微生物，使得它们吃得过饱，随后变得异常肥胖。若把这种微生物移植到正常的小白鼠体内，后者也会因吃多了而变胖。而如果用抗生素消灭缺少TLR5基因的小白鼠体内的微生物，它们的胃口就能恢复正常。这是多么不可思议啊！

微生物能解决小白鼠的情绪、行为问题，那能不能解决人的呢？当然可以。某些益生菌的临床试验已经取得了成功。比如瑞士乳杆菌和长双歧杆菌混合起来使用，能改善身体健康志愿者们的情绪。只是各项研究尚处于起步阶段，希望未来能够真正地帮助到我们。

五、打造更好的人体微生物环境

我们可以给自己打造更好的微生物环境，根据目前的科技水平，可以概括为四种方式：

1.益生元——微生物的肥料

益生元就像是微生物的肥料，为微生物提供所需的营养，并支持那些对宿主有益的微生物。它们大多是可溶性纤维，比如果聚糖，这些都是水果和蔬菜中天然存在的。

2.对健康有益的益生菌

益生菌想必大家都不会陌生，它被定义为活的微生物，当数量足够多时，对健康就有益。它们天然存在于人体肠道内，也存在于发酵的食物（酸奶）中，主要包括不同种属的双歧杆菌和乳酸菌。此外，益生菌对儿童腹泻和成年人肠道易激综合征的预防和治疗有着积极的影响。

3.颠覆性的排泄物移植

这是新出现的疗法，目前仅在治疗可怕的艰难梭状芽孢菌时尝试过。在发现排泄物移植疗法之前，这种病是美国最普遍的医院感染病之一，每年都会使337,000人患病，并夺走14,000人的生命，可以说情况非常严重，连抗生素疗法都束手无策。而排泄物移植疗法的出现，却挽救了90%以上的艰难梭状芽孢菌患者。治疗过程：志愿者捐赠排泄物样本→从中提取微生物→稀释微生物→移植患者体内。排泄物移植疗法的成功，目前已在科学界引起了广泛关注，这种疗法能否被运用到其他领域呢？我们拭目以待。

4.疫苗是人类最伟大的发明

疫苗会训练你的免疫系统，只杀死特定种类的细菌，而不会给其他有益细菌带来影响。接种疫苗是我们熟知的最有效的公共卫生治疗方式，它们对特定疾病的预防效果在90%以上，在全世界挽救的生命，比任何创新都要多。

六、抗生素不能频繁使用

在对待疫苗和抗生素的态度上，人们的常识是错位的。常有人拒绝疫苗，却很少有人拒绝抗生素。接种疫苗前，医生通常会让我们签署同意书，而在使用抗生素的时候，都不一定会让你知道。

事实上，抗生素的效果远不如疫苗。疫苗对多数疾病的预防效果高达90%，但抗生素的治疗效果却越来越差，而且由于错用和滥用抗生素，抗生素的抗药性也迅速蔓延开来。而抗生素的危害却要比疫苗大得多，其功效相当于化学武器凝固汽油弹，破坏了人体内大量的有机体。

　　无可厚非，抗生素是相对安全的，它们针对的是微生物所需的生命过程，不会干扰我们自身的细胞。但抗生素也有危险，它们会一视同仁地破坏"有害细菌"和"有益细菌"。与此同时，我们还得警惕细菌比抗生素要更聪明，病原体可以适应抗生素，发展出具有抗药性的基因，而这种基因会在细菌繁殖中被转移到下一代病原体中。

　　高剂量的抗生素几乎能杀死一切微生物，低剂量的抗生素却只会让细菌的抗药性更强，因此当一种特定细菌的生命受到威胁时，我们实际上是给它们提供了工具和机会，使它们掌握了逃脱杀害的能力。纽约大学医学微生物学家马蒂·布莱泽在《缺少微生物——滥用抗生素如何刺激我们的现代瘟疫》中指出，在生命早期使用抗生素，减少了与微生物接触所带来的有利作用，可能会因此提高患过敏症和过敏性哮喘的风险。当然，这并不意味着你不应该服用抗生素，它毕竟能救你的命，而且是许多疾病唯一有效的治疗选择。如果你不得不使用抗生素，建议是：在完成处方前，不要试图减少抗生素的服用量。如果你开始服用抗生素，就要服完整个疗程。

七、微生物与人类未来

　　微生物科学进步的速度非常惊人，微生物科学家们正一步步重塑并深化我们对自己身体甚至思想的基本了解。就在前几年，如果个人要把自己定位到微生物地图上，观察自己与其他人的联系，只需要花费少许费用就可以实现。如果你也想要了解自己的微生物群，你可以通过网站 www.americangut.org 了解详情。从更长远的方面来看，科学家们还将大力探求下面这些富有争议的问题：

　　1.我们能不能像给小白鼠做的实验那样，设计出让人类瘦身的微生物群？

　　2.我们能不能设计出寄居在皮肤上、能驱赶蚊子的微生物？

　　3.除了诊断疾病，微生物能不能真正用于治疗由微生物引发的多种疾病？

　　未来对微生物的研究不会只局限于人类微生物地图的详细描述，而是要制作一种微生物定位系统。它能告诉我们：我们身处何处，想去哪里，如何到达目的地。

第三节　发酵工程

　　1857年，法国微生物学家巴斯德（L. Paster，1822—1895）发现了发酵原

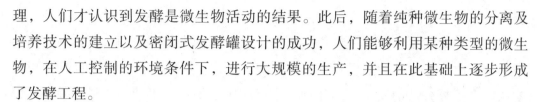

理，人们才认识到发酵是微生物活动的结果。此后，随着纯种微生物的分离及培养技术的建立以及密闭式发酵罐设计的成功，人们能够利用某种类型的微生物，在人工控制的环境条件下，进行大规模的生产，并且在此基础上逐步形成了发酵工程。

发酵工程是指采用现代工程技术手段，利用微生物的某些特定功能，为人类生产有用的产品，或直接把微生物应用于工业生产过程的一种新技术。

发酵工程以其生产条件温和，原料来源丰富且价格低廉，产物专一，废弃物对环境的污染小和容易处理等优点，在医药工业、食品工业、农业、冶金工业、环境保护等领域得到了广泛的应用，逐步形成了规模庞大的发酵工业。在一些发达国家，发酵工业的总产值占国民生产总值的5%左右。20世纪80年代以来，我国的发酵工业也有了较大的发展。下面着重介绍发酵工程在医药工业和食品工业上的应用。

1.在医药工业上的应用

发酵工程在医药工业上的应用成效十分显著，现已生产出种类繁多的药品，如抗生素、维生素、动物激素、药用氨基酸、核苷酸（如肌苷）等。其中，抗生素是人们使用最多的药物，也是制药工业利润最高的产品。20世纪80年代，世界各地的抗生素年产量高达$2.5×10^4$ t，产值超过40亿美元。目前，常用的抗生素已达100多种，如青霉素类、头孢菌素类、红霉素类和四环素类等。

有些药物如人生长激素、胰岛素，过去主要是靠从生物体的器官、组织、细胞或尿液中提取，因受到原料的限制无法推广使用。发酵工程对医药工业的一个重大贡献，就是使这些药物得以大量生产和使用。例如，生长激素释放抑制因子是一种人脑激素，能够抑制生长激素的不适宜分泌，可用于治疗肢端肥大症。最初，临床上使用的这种激素是从羊脑中提取的，50万个羊脑才能提取5 mg，远远不能满足临床需要。如今利用含有生长激素释放抑制因子的基因工程菌进行发酵生产，7.5 L培养液就能得到5 mg的生长激素释放抑制因子，而价格只有原来的几百分之一。目前，应用发酵工程大量生产的基因工程药品，包括人生长激素、重组乙肝疫苗、某些种类的单克隆抗体、白细胞介素-2、抗血友病因子等。

2.在食品工业上的应用

发酵工程在食品工业上的应用十分广泛，主要包括以下三方面。第一，生产传统的发酵产品，如啤酒、果酒、食醋等，使产品的产量和质量得到明显的

提高。第二，生产各种各样的食品添加剂，如酸味剂：L-苹果酸、柠檬酸；鲜味剂：肌苷酸、谷氨酸；色素：β-胡萝卜素、红曲素；甜味剂：甜菜糖、高果糖浆等，改善了食品的品质及色、香、味。例如，用发酵方法制得的L-苹果酸是国际食品界公认的安全型酸味剂，广泛应用于果酱、果汁、饮料、罐头、糖果、人造奶油等的生产中。第三，随着人口的增长，粮食短缺已成为困扰人类的社会问题之一，而发酵工程的发展将为解决这一问题开辟新的途径。研究表明，微生物含有丰富的蛋白质，如细菌的蛋白质含量占细胞干重的60%～80%，酵母菌的蛋白质含量占其干重的45%～65%，而且它们的生长繁殖速度很快，因此，许多国家利用淀粉或纤维素的水解液、制糖工业的废液、石化产品等为原料，通过发酵获得大量的微生物菌体。这种微生物体就叫作单细胞蛋白。20世纪80年代中期，全世界生产的单细胞蛋白已达$2×10^6$ t。单细胞蛋白用作饲料，能使家畜、家禽快速增重，产奶或产蛋量也会显著提高。用酵母菌等生产的单细胞蛋白可作为食品添加剂。最近国外市场上出现的一种真菌蛋白食品，就以其高蛋白、低脂肪的特点受到消费者的欢迎。

第七章　微生物史上的大事件

本章聚焦

1. 初步了解微生物带给人类的烦恼。
2. 从题库中抽取分享题目，以小组为单位准备演讲材料，让其他同学了解题目涉及的微生物及引发的事件。

第一节　微生物带给我们的窘迫

一、狐臭是微生物送给我们的"尴尬"

我们的腋下有一条大汗腺，会分泌含有油脂、蛋白质以及铁成分的黏稠物质，腋窝皮肤表层的金黄色葡萄球菌、表皮葡萄球菌、腐生葡萄球菌、白喉杆菌等微生物，分解这些黏稠物质后会产生不饱和脂肪酸，从而产生臭味。

二、脚气是微生物送给我们的"惊喜"

80%的成年人都有脚气，只是轻重不同。脚气虽然不像狐臭那么明显，但脱掉鞋袜看到脚上的东西，多少有点不舒服。脚气是怎么产生的呢？我们脚部的角质层很厚，如果脚部出汗，在汗水的浸润下，脚部就很容易变成适合真菌生长的环境。真菌是引起脚气的罪魁祸首，尤其白癣菌，它们以脚汗中的尿素、乳酸为食，飞速繁殖，分解皮肤的角质蛋白，脚气也由此产生。虽然真菌很难对付，但在医生的建议下持续使用抗菌药物，一般都可以药到病除。

三、痘痘是微生物送给我们的"杰作"

痤疮丙酸杆菌是我们皮肤上的常驻菌，一般情况下，它们与我们皮肤相安

无事地相处着，并帮助皮肤保持 pH 值，抗击致病细菌。可一旦皮肤微生态失调，痤疮丙酸杆菌立马就换了一副嘴脸，大肆繁殖，疯狂生长，分解饱和脂肪酸，产生大量的游离脂肪酸，这些脂肪酸通过毛孔渗入皮肤，引起皮肤的应激反应，产生令人讨厌的痘痘。虽然抗菌药物可以杀死痤疮丙酸杆菌，从而减轻病情，但抗生素的使用可能会导致皮肤微生态进一步失调，引起痘痘疯长。所以要想皮肤白白嫩嫩，不长斑不长痘，最好的方法就是保持皮肤微生态平衡。

第二节　微生物在历史上犯下的过错

1.以小组为单位从题库中抽取由微生物引发的事件，依据题目搜集相关内容，组织好一篇约15分钟的讲稿和PPT稿。

2.分享交流，每组指定一个发言人进行展示汇报，组内其余人员可补充。在展示过程中就大家感兴趣的微生物史上的某个事件，可以分组辩论，加深对微生物的认识。

3.根据展示评价表，师生综合打分。

附1：展示评价表（表7-1）

表7-1　展示评价表

评价指标		评价要求			评分	
		优（0.85～1）	良（0.7～0.85）	需努力（<0.7）	学生评分	教师评分
内容（60）	丰富性（20）	非常详尽、清晰地展现选题内容。图文并茂，生动容易理解。	比较详尽、清晰地展现选题内容。有一定的媒体资源。	内容含糊、选题内容不够深入，媒体资源贫乏。		
	条理性（20）	能够建构条理性和逻辑性很强的知识网络，对内容问题有深刻的理解和展示。	大部分文稿能够体现知识之间的联系，对内容问题有一定程度的理解和深入。	不能体现知识之间的联系，对内容问题的理解含糊不清。		

续表7-1

评价指标		评价要求			评分	
		优(0.85～1)	良(0.7～0.85)	需努力(<0.7)	学生评分	教师评分
技术（20）	助学性（20）	相对系统地完成有关的学习内容，补充相应资料加深大家对知识的理解和运用能力。	完成有关的学习内容，补充资料加深大家对知识的理解和运用能力，带来一定的启发。	不能有效完成有关的学习内容，知识与实例的展示脱节。		
	版面设计（10）	图文并茂，色彩文字搭配合理，能够清晰展现所要表达的内容。	主题明确，图片文字丰富，能够正常观看阅读。	色彩文字搭配不得当，阅读起来有障碍。		
	媒体效果（10）	丰富的媒体资源，生动有吸引力，链接合理、操作简便。	能够使用一定的媒体文件说明问题，使用一定的链接。	缺少相应的媒体资源说明问题，使用操作起来有障碍。		
合作交流（20）	组内合作（10）	每个成员都能高质量地完成自己的任务，并能和小组其他成员很好地沟通、协作。	能够完成自己的任务，小组成员之间能够有所合作。	小组成员间的合作有待改善和加强，能在期限之内完成任务。		
	展示交流（10）	边演讲边演示，注意与观众交流。说话清晰流利，反应敏捷，态度积极，富有感染力，仪态大方。	能够在演示过程中与观众做简单交流，操作熟练，能够准确表达自己的意思，态度积极，清晰流利。	演示过程中缺乏交流，语言表达缺乏层次感，准备不充分。		
组别		第　　小组		总得分		

附2：微生物大事件题库

1.欧洲黑死病　2.狂犬病　3.麻风病　4.疟疾　5.血吸虫病　6.香港脚

7.破伤风　8.白喉　9.脊髓灰质炎（小儿麻痹症）　10.艾滋病　11.沙眼

12.胃溃疡　13.黄曲霉毒素　14.鼠疫

科学家故事
—— 青霉素的发现

图7-1 实验室中的弗莱明

青霉素能杀灭各种病菌，对人体几乎没有毒性，是迄今为止在临床上应用最为广泛的抗生素之一。历史上它的发现及应用与三个人密不可分，他们分别是亚历山大·弗莱明（Alexander Fleming）、霍华德·弗洛里（Howard Florey）、恩斯特·钱恩（Ernst Chain）。

1928年夏，英伦三岛的天气特别闷热，伦敦大学圣玛丽医学院赖特研究中心也破例放了暑假。细菌学教授亚历山大·弗莱明（1881—1955）（图7-1）连实验台上杂乱无章的器皿都没有收拾好，就准备到海滨去度假了，这是他多年科研生涯中的第一次。九月初天气渐凉，度假的人们陆续回来了，弗莱明跨进他离开多日的实验室，"糟了，长霉菌了！"他小心翼翼地取出一个个培养细菌的器皿，取到第五个时，突然惊奇地叫了起来。原来培养液受到污染而发霉，就不能再用来做实验了。通常的做法就是把它一倒了之。但弗莱明没有这样做，他要看是哪种霉菌在捣乱。于是拿起培养皿来仔细观察，想了解为什么发霉的培养液就不能再用。对着亮光，他发现了一个奇特的现象：在青绿色的霉花周围出现一圈空白———原来生长旺盛的细菌不见了！

Ernst Boris Chain
（1906—1979）

图7-2　钱恩

Sir Howard Walter Florey
（1898—1968）

图7-3　　弗洛里

　　后来知道，这是从楼上一位研究青霉菌学者的窗口飘落下来的。弗莱明对青霉菌继续观察，几天后发现青霉菌形成了菌落，培养基呈淡黄色并且也具有杀菌能力。于是他推论：真正的杀菌物质一定是青霉菌生长过程中的代谢物，他称之为青霉素（penicillin，盘尼西林）。但由于当时技术不够先进，弗莱明并没有把青霉素单独分离出来。1914年第一次世界大战爆发，弗莱明在整个大战期间都在军队医疗队中服务。当时由于没有有效治疗病菌感染的药物，导致许多士兵因简单的细菌感染引发败血症死亡。这让弗莱明下定决心要找出一种新药来消灭病菌。战争结束以后，他回到圣玛丽医院细菌实验室工作。

　　1929年弗莱明在《新英格兰医学杂志》上发表了自己的发现。遗憾的是这篇论文发表后一直没有受到科学界的重视。当时的研究所所长几乎不愿意再为弗莱明提供任何仪器和设备，致使弗莱明的研究举步维艰，加之弗莱明本人也没有意识到自己工作的重要性，加上他不懂生化技术，无法把青霉素提取出来，也就无法在实际中应用。所以这个伟大的发现很快就被埋没了，这一晃就过去了10年。

　　青霉素真正被运用于临床治疗是20世纪40年代，当时年轻的牛津大学病理学家弗洛里（Howard Walter Florey，1898—1968）（图7-2）和德裔生物化学家钱恩（Ernst Boris Chain，1906—1979）（图7-3），在一本积满灰尘的《新英格兰医学杂志》上意外地发现了弗莱明的这篇论文，他们产生了极大的兴趣，二人决心将弗莱明的研究继续下去，于是他们立即把全部工作重心转到对青霉素的研究上来，自此一度中断的青霉素研制工作终于出现了转机。他们对青霉菌培养物中的活性物质——青霉素进行提取和纯化，经过18个月的艰苦努力，他们终于得到了100 mg、纯度可满足人体肌肉注射的黄色粉末状的青霉素。

同年8月，钱恩和弗洛里等人把对青霉素重新研究的全部成果都刊登在了著名的杂志《柳叶刀》上。这在医学史上被称作"青霉素的二次发现"。年近六旬的弗莱明立即动身赶到了牛津，会见了三十多岁的钱恩和四十出头的弗洛里，并把自己培养了多年的青霉素产生菌送给了他们，钱恩和弗洛里用它们培养出效力更优的青霉素菌株。

青霉素再次发现之后，它的命运仍十分坎坷，当时英国没有合适的机会让其进一步产业化。直到1944年英美联军在诺曼底登陆，开辟了第二战场，开始大规模地同德国法西斯作战，受伤的士兵越来越多，对抗菌药物的需要也越来越迫切，青霉素在医治伤员时显示了极大的威力，在军方的大力支持下，青霉素终于走上了工厂化生产的道路。1945年弗莱明、弗洛里和钱恩因"发现青霉素及其临床效用"的巨大贡献而共同荣获了诺贝尔生理学或医学奖。

第八章　结业评价

第一节　"你好，微生物"水平测试

（满分100分，测试时间30分钟）

姓名_____　成绩_____

一、判断题（每题2分，共20分）

（　　）1.细菌在任何条件下都能繁殖。

（　　）2.在适宜的条件下，乳酸菌会使牛奶发酵变成酸奶。

（　　）3.因为酸奶就是通过纯牛奶发酵而做成的，所以酸奶变质了也可以喝。

（　　）4.巴氏消毒法的创始人是巴斯德。

（　　）5.酵母菌和细菌的结构一样。

（　　）6.酵母菌既可以在有氧条件下生存，也可以在无氧条件下生存。

（　　）7.细菌有菌丝和孢子。

（　　）8.制作液体培养基不需要加入琼脂。

（　　）9.制作葡萄酒时需要将葡萄浸泡冲洗，而不宜进行搓洗，是因为发酵时要利用葡萄皮上的野生乳酸菌进行发酵。

（　　）10.在固体培养基上接种微生物只能通过划线方式进行接种。

二、选择题（每题4分，共60分）

1.下列属于细菌有益之处的是　　　　　　　　　　　　　　　　（　　）

A.食品发霉了　　　　　　　　　B.小华感冒了

C.制作泡菜　　　　　　　　　　D.饭菜变馊

2.含有抗生素的牛奶不能发酵成酸奶，原因是　　　　　　　　（　　）

A.抗生素能够杀死或抑制乳酸菌的生长

B.抗生素呈碱性，会与乳酸发生中和反应

C.抗生素能够抑制酵母菌的生长

D.抗生素在碱性环境中被分解破坏

3.以下哪个是正确的红葡萄酒酿造程序　　　　　　　　　　（　　）

A.采摘—破皮—过滤—发酵—装瓶

B.采摘—过滤—发酵—破皮—装瓶

C.采摘—发酵—过滤—破皮—装瓶

D.采摘—破皮—发酵—过滤—装瓶

4.制作葡萄酒时，把葡萄装到发酵瓶容量的70%左右时，停止装葡萄，盖上盖子，但不要完全拧紧。如果盖子拧得过紧，可能瓶子会发生爆炸。原因是酒精发酵过程中产出哪种气体　　　　　　　　　　　　　（　　）

A.二氧化硫　　　　　B.二氧化碳　　　　C.二氧化氮　　　　D.氧气

5.造成葡萄酒口感苦涩的成分是　　　　　　　　　　　　　（　　）

A.单宁　　　　　　　B.花色素　　　　　C.酒精　　　　　　D.酒石酸

6.在选泡菜坛时，应选择火候好、无裂纹、无砂眼、坛沿深、盖子吻合好的，其目的是　　　　　　　　　　　　　　　　　　　　　（　　）

A.美观　　　　　　　　　　　B.可防止内部液体渗出

C.耐用　　　　　　　　　　　D.密封好，保证坛内外气体不交换

7.下列哪一个培养基可以用来培养真菌　　　　　　　　　　（　　）

A.马铃薯葡萄糖培养基　　　　B.孟加拉红培养基

C.牛肉膏蛋白胨培养基　　　　D.MRS培养基

8.保存菌种时划线方式是　　　　　　　　　　　　　　　　（　　）

A.之字形划线接种　　　　　　B.条形划线接种

C.点状接种　　　　　　　　　D.规则形状接种

9.破伤风杆菌是哪类微生物　　　　　　　　　　　　　　　（　　）

A.需氧真菌　　　　　　　　　B.厌氧真菌

C.需氧细菌　　　　　　　　　D.厌氧细菌

10.下列属于肠道中的微生物的是　　　　　　　　　　　　（　　）

A.大肠杆菌　　　　　　　　　B.酵母菌

C.青霉菌　　　　　　　　　　D.放线菌

11.培养基的制备使用过程是 （　　　）

A.称量药品—溶解药品—封口灭菌—倒平板（置斜面）—接种

B.溶解药品—称量药品—倒平板（置斜面）—封口灭菌—接种

C.称量药品—溶解药品—倒平板（置斜面）—封口灭菌—接种

D.称量药品—溶解药品—倒平板（置斜面）—接种—封口灭菌

12.100倍镜头的使用方法是 （　　　）

A.低倍镜下找到物相—转换高倍镜头—滴加香柏油—调细准焦螺旋—观察

B.低倍镜下找到物相—滴加香柏油—转换高倍镜头—调细准焦螺旋—观察

C.低倍镜下找到物相—转换高倍镜头—滴加香柏油—调粗准焦螺旋—观察

D.低倍镜下找到物相—转换高倍镜头—滴加香柏油—调粗准焦螺旋—观察

13.黑死病的致病菌是 （　　　）

A.炭疽芽孢杆菌　　　　　　　　B.鼠疫杆菌

C.幽门螺杆菌　　　　　　　　　D.大肠杆菌

14.十倍梯度稀释平板涂布法的基本过程是 （　　　）

A.无菌水制备—移液枪梯度稀释菌液—菌液接种培养基—涂布—培养

B.无菌水制备—菌液接种培养基—培养—移液枪梯度稀释菌液—涂布

C.移液枪梯度稀释菌液—菌液接种培养基—培养基放置灭菌—培养

D.无菌水制备—菌液接种培养基—移液枪梯度稀释菌液—涂布—培养

15.培养基的基本成分是 （　　　）

A.碳源、氮源、无机盐、琼脂

B.碳源、氮源、蛋白质、水

C.碳源、氮源、无机盐、氨基酸

D.碳源、氮源、无机盐、水

三、简答题（每题10分，共20分）

1.修完校本课程"你好，微生物"，有哪些收获（注：从知识、技能、情感三方面论述）？

2.你对开设"你好，微生物"有哪些意见或者建议？

第二节　自我评价

表8-1　自我学习评价表

评价指标	非常	比较	一般
主动争取任务			
乐于接受任务			
积极参加小组讨论			
积极给同伴反馈和帮助			
学会通过各种渠道获取资源			
认为完成任务是我的责任			
在学习中能够主动和别人交流并表达自己的见解			
经常鼓励他人			
即使陷入困境仍继续尝试			
乐于接受同伴的建议和意见			
对于获取的资源可以正确的批判和继承			
主动向家人和朋友介绍自己的项目			
体验到成功的感受			
努力对待每一次活动			

参考文献

[1]杨儒钦.手提式高压灭菌锅的安全使用[J].食用菌，2015，37（1）：34.

[2]陈垣，朱蕾，郭凤霞，等.甘肃渭源蒙古黄芪根腐病病原菌的分离与鉴定[J].植物病理学报，2011，41（4）：428-431.

[3]颜进.医学微生物学教学用菌种保存方法的改进[J].微生物学通报，1992（5）：311.

[4]罗布·奈特，布伦丹·布勒.为什么有的人特别招蚊子[M].北京：中信出版社，2016.

[5]人民教育出版社生物室.全日制普通高级中学教科书（选修）生物：全一册[M].北京：人民教育出版社，2006.

附录：获奖案例

口香糖对口腔的清洁作用与咀嚼时间关系的探究

李璞真　赵捷鑫　指导教师：吴小兰
（注：青少年创新大赛甘肃省一等奖）

摘要： 口腔卫生与人的健康密切相关，本文通过对咀嚼口香糖后不同时间段内口腔微生物的培养研究，发现在10分钟内，咀嚼口香糖对口腔具清洁作用，超出10分钟后咀嚼口香糖反而污染口腔环境。通过实验，我们为人们科学、健康地食用口香糖提出了合理建议。

关键词： 口香糖　清洁口腔　咀嚼时间　微生物

选题目的： 口香糖因其芳香、清甜、耐咀嚼的特点，及清新口气、活动面部肌肉、舒缓紧张的作用，成为一种大众化的消费品。生活中我们发现很多人尤其是青少年咀嚼口香糖时间偏长。口香糖是否可以起到清洁口腔的作用？如果能，其清洁作用与咀嚼时间的关系如何？我们在咀嚼口香糖的不同时间段，对口腔微生物进行测定，对上述问题进行了初步的探究，以倡导科学、健康地使用口香糖。

1.实验设计

1.1　假设

口香糖可以清洁口腔，我小组成员对其清洁效果提出两种假设：

①随着咀嚼时间的上升，口腔微生物菌落数持续下降。

②在咀嚼某一时段，口腔微生物的菌落数达到最低值，之后出现反弹。

1.2　口腔菌群种类

通过查阅资料得知口腔中主要正常菌群为细菌、放线菌，从而确定培养对

象——放线菌、细菌，根据这两个菌群的菌落多少反映口腔微生物的变化。

1.3 培养基

针对细菌培养的牛肉膏蛋白胨培养基；针对放线菌培养的高氏培养基。

1.4 采样时间划分

每隔 5 min 采一次样，分别测 0 min（口腔原始环境）、5 min、10 min、15 min、20 min、25 min、30 min、35 min 对应时间点的菌样。

1.5 实验仪器设备

手提式压力灭菌器（YXQ.SG 46.280），101A-2 干燥箱，电热恒温水温箱（DR-HW-1），生化培养箱（LRH-250A），医用型洁净工作台（SW-CJ-IF），海尔冰箱（BCD-216F），电子天平（岛津 AE200），pH 酸度计（PHS-3C），菌落计数器（TYJ-2A），电子万用炉，放大镜（ø900×3 倍直柄），刻度比色管（200 mL），锥形瓶（250 mL，1000 mL），移液管数支（1 mL，10 mL），搪瓷缸（1000 mL），培养皿，酒精灯，无菌棉签。

1.6 实验试剂

0.9% 生理盐水，高氏培养基，牛肉膏蛋白胨培养基，箭牌口香糖。

2.实验操作

2.1 操作实验所用仪器和试剂均要在手提式压力灭菌器里消毒 30 min，压力控制在 0.11 MPa，移液管、培养皿、刻度比色管等均要在 105±1 ℃的 101A-2 干燥箱里干燥 2 min，取出后和其他消毒过的仪器和试剂放在装有紫外灯杀菌的医用型洁净工作台里消毒 30 min，两种培养基取出放在 45±1 ℃的电热恒温水温箱里恒温，并用紫外灯消毒 30 min 后，将紫外灯关闭继续恒温待用。

2.2 将牛肉膏蛋白胨培养基和高氏培养基分别倒入各自的培养皿中并轻轻摇动，使培养基与菌液均匀混合后静止，使其冷却凝固。

2.3 采样配制菌液

取一无菌棉签，在口腔内上、下、左、右位置及舌中线处用棉签蘸取取样，用移液管移取 0.9% 的生理盐水 10 mL，将棉签在 20 mL 的比色管里涮洗，再移取 10 mL 生理盐水对棉签进行涮洗，所得菌液用吸耳球吹 10 下使之充分混匀待用。每个时间段采样配制以此类推。

2.4 每次用 1 mL 移液管移取 1 mL 菌液，分别加入 10 个培养皿中（每一个时间点做 5 个平行样），用酒精灯对管底加热，使残留液体全部加入培养皿中。

每个时间段所取的菌液样品操作以此类推。

注：所有操作均要在无菌实验室里进行。

2.5　微生物培养

将培养皿逐个放入生化培养箱中进行培养。温度：36.5～37.0 ℃（口腔正常温度）。时间：60 h。

2.6　计数与计算

在菌落计数器上通过放大镜将肉眼可以看到的菌落逐一点数，如此将每一时间每一种培养基所设置的五组平行样的菌落数出，并计算出平均值。将5组平行样所得的平均值乘以20即得测试点所制得20 mL菌悬液中的整体菌数。

3.实验结果

放线菌数据表

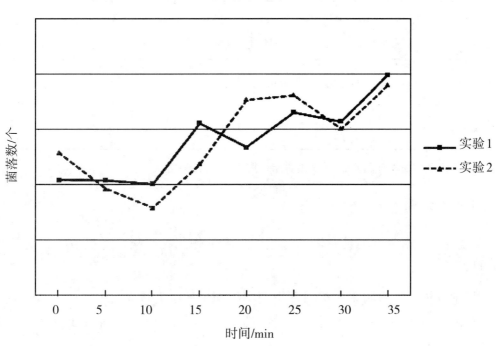

	5	10	15	20	25	30	35
变化率	−12.48%	−21.05%	20.73%	32.96%	49.58%	33.83%	69.33%

*注：变化率为取样时点菌落数相对于口腔原环境的变化。

细菌数据表

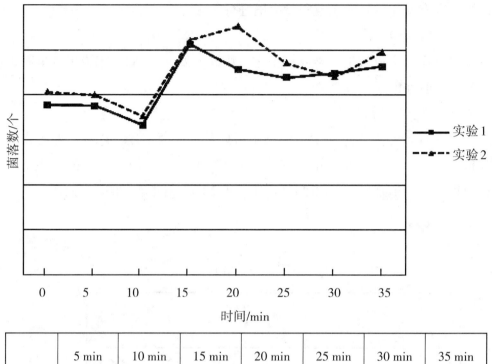

时间/min

	5 min	10 min	15 min	20 min	25 min	30 min	35 min
变化率	−1.03%	−12.52%	31.88%	28.44%	16.07%	13.52%	22.25%

*注：变化率为取样时点菌落数相对于口腔原环境的变化。

4.讨论分析

4.1　口香糖对口腔具有清洁作用，且清洁作用在咀嚼口香糖10 min时效果最明显。

数据分析：实验结果显示口腔中的微生物呈现以下特点：

在前10 min内放线菌与细菌菌落均呈下降趋势，平均降幅为（相对于原始环境）：

5 min：细菌：−1.03%　　　　放线菌：−12.84%

10 min：细菌：−12.25%　　　　放线菌：−21.05%

在10 min时，菌落数达到前35 min内的最低分析值，而15 min的菌落激增相对于10 min时样本的涨幅为：细菌：50.73%　　放线菌：52.49%

相对于原始环境样本的涨幅为：细菌：31.88%　　放线菌：20.73%

原因分析：在咀嚼口香糖0~10 min时，口香糖刺激口腔黏膜、舌面，从而使腮腺、舌腺、下颚下腺等腺体分泌较多唾液，即咀嚼口香糖可以促进口腔的唾液分泌。有实验表明在咀嚼口香糖后唾液分泌量明显地比不咀嚼时多出2~3倍，唾液对牙齿和口腔是一个机械冲刷，可以起到冲洗口腔的作用。另外唾液里还有很多的抗菌成分和一些免疫物质，它可以杀灭一些有害菌，增加口腔黏膜和牙齿对这些有害菌的抵抗能力。此外，唾液中还有一些酶和缓冲剂，中和口腔中的酸性物质，这些对牙齿和口腔黏膜都有非常好的保护作用。因此0~10 min时口腔中微生物的数量下降。

4.2　口香糖对口腔的清洁作用有限，长时间咀嚼不但无法起到清洁口腔的作用，反而污染了口腔环境。

数据分析：在15~35 min的时段中，细菌与放线菌的菌落数相对原始环境在较高水平上波动。

原因分析：嚼口香糖可以促进口腔内唾液的分泌，并通过唾液"稀释"吃过食物后人口腔内残留的酸，故能短暂地抑制细菌等的增长；而大部分口香糖都是以蔗糖为甜味剂，咀嚼口香糖时，口香糖本身的糖分以及黏附在口香糖上的食物残渣会长时间在口腔内停留，为口腔中的微生物提供了丰富的营养物质，在口腔中适宜的温度、湿度的条件下，微生物快速分裂，数量增长。此外，口香糖中含有糖精、色素、香料、抗氧化剂等，这些物质在细菌的作用下能够形成一种高黏性、不溶于水的多糖物质，黏附于牙齿表面，成为菌类繁衍生长的据点，因此15~35 min时微生物的数量上升。

5.建议

5.1　通过实验结果分析和查阅资料可知，一定时间内咀嚼口香糖，能起到清洁口腔的作用：首先，咀嚼能使咀嚼肌得到充分锻炼，促进青少年的颌骨发育。现在的食物多是精加工，可以很容易地咀嚼并吞咽，导致咀嚼肌相对萎缩，嚼嚼口香糖刚好弥补了这一点。其次，口香糖还能去除黏附在牙齿表面的牙菌斑，特别是含有木糖醇的口香糖对口腔有一定的清洁作用。木糖醇能够抑制口腔中细菌的生长，抑制牙菌斑的形成过程，影响细菌对蔗糖的转运，减小细菌产酸的能力，对龋齿有明显的抑制作用。

5.2　通过实验结果分析和查阅资料可知，长时间咀嚼口香糖对健康有害，表现为：

5.2.1　形成龋齿。不少口香糖都以蔗糖为甜味剂，咀嚼时糖分会长时间在口腔内停留，会使口腔内的微生物数量增多且有利于口腔中的致龋菌产生酸性物质，诱发龋齿。从我们的实验结果可看出，嚼口香糖无法全部带走口腔内的细菌，只能起到暂时地减少即抑制细菌的作用，因此不提倡以咀嚼口香糖代替刷牙。

5.2.2　中毒。口香糖除了含有糖精、色素、香料、抗氧化剂等成分外，还含有聚醋酸L-烯树脂及增塑剂。在咀嚼过程中，增塑剂与糖在口腔中溶解进入人体，如果儿童每天吃4～8块口香糖就接近人体中毒的剂量了。在生产过程中，为了使口香糖变得柔软，经得起反复咀嚼，又必须添加石蜡（其他食品中都不允许加石蜡）。石蜡是石油产品，经过反复咀嚼，人们必然会把一部分石蜡咽下，这对健康是无益的。最近瑞士科学家的一项研究发现，使用含汞材料补过牙的人最好不要嚼口香糖，常嚼口香糖会损坏口腔中用于补牙的物质，使其中的汞合金释放出来，造成血液、尿液中的水银含量超标，从而对大脑、中枢神经和肾脏造成危害甚至引起死亡。

5.2.3　影响健康。长时间嚼口香糖，咀嚼肌始终处于紧张状态，有可能养成睡梦中磨牙的习惯，从而影响睡眠质量。曾经有人开玩笑说，美国人睡觉时磨牙的习惯"都是源自口香糖"。如果过多地嚼口香糖，对年轻人来说可能引起热量的摄入过多，对中老年人来说可能会引发一些心脑血管疾病，而对于患糖尿病的人更有可能引起血糖的升高。另外还有专家建议，患胃病者不宜过多嚼口香糖，因为长时间咀嚼口香糖，会反射性地分泌大量胃酸，特别是在空腹状态下，不仅会出现恶心、食欲不振、泛酸水等症状，长期下去还可能加重胃病。

5.2.4　影响发育。青少年在身体发育期如果长时间嚼口香糖，可能使咬肌过度锻炼，刺激下颌角的肌肉和骨骼发育，最终外观呈现"方形国字脸"，影响面型。咀嚼口香糖会使舌的运动增加，在咀嚼、吹泡泡的过程中不断吐舌、伸舌，并用某一侧牙齿咀嚼，可影响颌面部发育不匀，造成牙颌畸形。如果是整天嚼口香糖，害处则更为明显。美国著名口腔科医生调查研究表明，口香糖对人的生理功能及口腔器官均有影响，连续咀嚼4小时，舌头表面的微细管可能发生破裂，牙齿珐琅质磨损的增加可达30%左右。最突出的现象是牙床间的齿龈和牙根出现萎缩，这种萎缩的程度与咀嚼口香糖的时间成正比。

5.2.5　不卫生。许多孩子喜欢在咀嚼口香糖的间隙，从嘴里拿出来放在手里捏几下，然后又放到嘴里，这样就会把手里的脏东西吃进肚子，使孩子感染蛔虫、鞭虫等寄生虫，也可引发病毒性肝炎、痢疾、伤寒、结核等传染病。若吐在地上、地毯上和黏在衣物上就会沾染灰尘和细菌，并且很难清除掉。

5.2.6　意外事故。因为儿童自制能力差，整天把口香糖含在嘴里，有可能吞食或者误入气管，危及生命。

5.2.7　夸大作用。一些口香糖生产厂家为了增加自己的产品销售量，更是在大力宣传"口香糖可以治疗口臭"上下功夫。事实上，口臭的病因是很复杂的，药品本身都无法根治口臭，更何况是口香糖呢?

通过实验和资料，我们明确提出：不主张将嚼口香糖作为一种时尚来倡导，从清洁口腔的角度来讲，长时间咀嚼不但无法起到清洁口腔的作用，反而破坏了口腔中的生态平衡。故我们对口香糖发烧友们建议的最佳咀嚼时间为10 min，此时可以最大限度地达到清洁口腔的效果，并避免了超时咀嚼带来的口腔微生物激增，影响健康等问题。

6.参考资料

[1]李仲兴.临床细菌学[M].北京：人民卫生出版社，1986.

[2]北京师范大学生物系生物教研组.怎样观察与培养微生物[M].北京：北京师范大学出版社，1982.

[3]卜德艳.经常嚼口香糖有什么危害吗？[J]中医健康养生，2018，4（12）：56.

家用消毒柜臭氧室内霉菌的
发现培养及杀灭的研究

赵烜 罗睿　　指导教师：吴小兰
（注：青少年创新大赛全国三等奖）

摘要： 本文探讨了消毒柜臭氧室内发现的霉菌的杀灭方法。

关键词： 消毒柜　臭氧　霉菌　杀灭

选题目的： 消毒柜作为餐具的消毒设备已被众多现代家庭使用。消毒柜分臭氧消毒和远红外线消毒。臭氧消毒的原理是臭氧发生管在电场的作用下，形成高纯臭氧，依靠臭氧强大的氧化作用来杀菌。臭氧在短时间内又能分解还原成氧气，餐具消毒后不会残留有害物质，对环境也无污染，这是臭氧杀菌的优点之一。由于木制、焦木、塑料等餐具等不耐高温，因此臭氧消毒适用于木制、塑料餐具。然而消毒柜臭氧消毒室的温度相对较低，餐具上的水分较多，所以臭氧消毒室的湿度较大，利于分解纤维素、半纤维素、木质素等有机物的真菌生长。本研究是在肯定臭氧有良好杀菌效果的基础上，对消毒柜臭氧消毒室内发现的霉菌（Mold）进行培养，从而找出杀灭的方法，使消毒柜臭氧室的消毒更加完善。

1.培养基和试剂

马铃薯葡萄糖培养基：去皮马铃薯100 g，切成小块，加水500 mL，煮沸20 min用纱布过滤，加10 g琼脂，10 g葡萄糖，再加热使其融化，最后体积为500 mL。

灭菌条件：温度121 ℃，压强0.11 MPa，时间20 min。

其他试剂：无菌蒸馏水，食品用干燥剂。

2.设备和材料

无菌烧杯（500 mL），平皿（9 cm），高压蒸汽灭菌锅，恒温培养箱，希贵牌家用餐具消毒柜（ZTP1000），格兰仕微波炉（WD700S-1），无菌接种箱，酒精灯，放大镜，接种环，载玻片，盖玻片，显微镜，纱布，无菌刀，电炉，天平。

3.方法和程序

3.1 取样

取无菌水10 mL，将消毒柜臭氧消毒后将霉菌滋生的木筷、焦木铲上的霉菌用无菌刀刮下，投入无菌水中，振荡，使其分布均匀。

3.2 分离

将无菌的琼脂培养基融化后注入无菌平皿，待其冷却凝固后，即成琼脂平板。用接种环蘸少许待分离样品溶液，在无菌操作条件下，连续在平板表面划线，使样品溶液中的微生物得以分散。

3.3 培养

在30℃的恒温箱中培养。菌落呈蓝绿色，表面绒状或絮状，如图一。

挑取少量培养好的霉菌，在显微镜下观察，菌丝呈管状，为有隔膜菌丝。气生菌丝分化来的分生孢子梗呈扫帚状，如图二。

 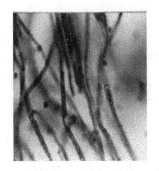 

分离提纯后的霉菌　　　　霉菌的显微照片　　　　霉菌的微照片

图一　　　　　　　　　　图二

3.4 杀灭

将培养分离提纯的霉菌接种在无菌平板上，如图三所示，分成五组（A、B、

C、D、E），每组六个，进行不同的实验处理。

A组放在消毒柜臭氧室中处理，分别灭菌20 min、30 min、40 min。

B组放在消毒柜臭氧室加干燥剂处理（干燥剂平铺在镜头纸上，将其夹在平皿之间）。时间同A组。

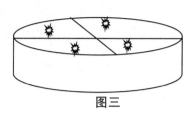

图三

C组放在紫外线灭菌箱中处理（玻璃对紫外线有阻挡作用，用紫外线消毒时，将平皿盖打开），时间同A组。

D组放在微波炉中处理，火力100%，时间分别为15 s、20 s、22 s。

E组为空白对照。

处理后，取出平皿，在30 ℃恒温箱培养48 h，观察霉菌菌落生长状况，记录结果。上述实验重复3次。

4.实验结果

内容	次　数		
	第一次	第二次	第三次
臭氧杀菌	4个菌落存活,生长旺盛,菌丝发展到整个平皿,如图四	同上	同上
臭氧杀菌+干燥剂（25 g）	4个菌落残败,培养后无发展,基本维持处理后的原状,如图五	基本同上	基本同上
紫外线杀菌	4个菌落存活,生长旺盛,菌丝发展到整个平皿,如图六	同上	同上
微波杀菌	4个菌落残败,消溶培养后无生长,如图七	同上	同上
空白	菌落发展到整个平皿,如图八	同上	同上

5.讨论分析

5.1　臭氧杀菌、紫外线杀菌后霉菌依然存活

臭氧是靠极强的氧化能力使细菌、真菌等菌体的蛋白质外壳氧化变性，从而杀灭细菌的芽孢、病毒、真菌等。但因霉菌的孢子壁较厚，臭氧无法穿透，加之培养基中有孢子萌发所需的有机质、水分；消毒柜臭氧室富含氧气，在一定温度条件下孢子仍可萌发，故臭氧处理后霉菌依然存活并有发展。紫外线对

杆菌杀灭能力最强，对球菌较弱，对霉菌酵母菌更弱。紫外线辐照能量低，穿透力弱，仅能杀灭直接照射到的微生物，其杀菌能力有限。因此，紫外线处理霉菌后，霉菌仍可存活。

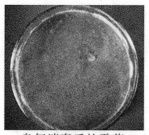

臭氧消毒后的霉菌

图四

臭氧加干燥剂消毒后的霉菌

图五

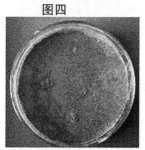

紫外线消毒后的霉菌

图六

微波消毒后的霉菌

图七

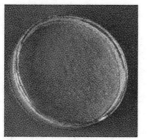

未经消毒处理的霉菌

图八

5.2　臭氧杀菌后伴随干燥剂的使用能有效抑制霉菌

霉菌生长繁殖主要的条件之一是必须保持一定的水分，物品中真正能被微生物利用的那部分水分称为水分活性（Water activity，缩写为 Aw），Aw 越接近于 0.98～1 时，微生物最易生长繁殖；当 Aw 降为 0.93 以下时，微生物繁殖受到抑制，但霉菌仍能生长；当 Aw 在 0.7 以下时，则霉菌的繁殖受到抑制，可以阻

止产毒的霉菌繁殖。干燥剂能吸收空气中的水分，使臭氧消毒室内物品的水分活性或 Aw 在 0.7 以下，使霉菌和霉菌孢子失去生长萌发所需的水分，臭氧杀菌后伴随干燥剂的使用能有效抑制霉菌。

5.3 微波杀灭效果理想

微波是一种高频电磁波，微波杀菌是利用电磁场的热效应和非热生物效应共同作用的结果。微波对细菌的热效应是指微波能在微生物体内转化热能，使其本身温度升高，从而使其体内蛋白质变性凝固，使微生物失去营养和生存条件，最终丧失繁殖的能力而死亡。微波对微生物的非热生物效应是指微波电场可改变细胞膜断面的电位分布，影响细胞膜周围电子和离子浓度，从而改变细胞膜的通透性能，使微生物由此丧失营养，结构功能变得紊乱，无法进行正常的新陈代谢，生长发育受到抑制而死亡。此外，决定微生物正常生长和稳定遗传繁殖的核糖核酸（RNA）和脱氧核糖核酸（DNA），是由若干氢键紧密连接而成的双螺旋大分子，足够强的微波可以导致氢键松弛、断裂和重组，从而诱发遗传基因突变或染色体畸变，甚至断裂，使其丧失繁殖功能。霉菌的细胞质内含有水分子及其他极性物质溶液，在适量微波作用下，也会产生高温而使霉菌细胞内活性物质变性而死亡，所以微波处理后霉菌死亡。再者微波能穿透空气、玻璃、陶瓷、塑料及纸质介质，不被介质吸收，具有可透射性，且以直线方式传播，故微波杀灭效果理想。

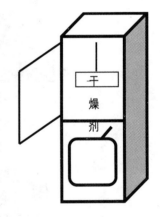

6.建议

6.1 把消毒柜既用于消毒又做储藏餐具的工具时，为防止霉菌的生长，将食品用干燥剂（25～50 g，包成小袋），放入臭氧消毒室，能有效抑制霉菌的发生，即控制臭氧消毒室内的湿度，能抑制霉菌的生长繁殖。

6.2 生产厂商对臭氧消毒改进为臭氧加微波消毒。温度对霉菌的繁殖及产毒均有重要的影响，不同种类的霉菌其最适温度是不一样的，大多数霉菌繁殖最适宜的温度为25～30 ℃，在 0 ℃以下或30 ℃以上，不能产毒或产毒力减弱。从实验结果看，微波杀菌具有温度高、灭菌广、时间短、耗能少的优点。特别是对含有水分的木筷、塑料、焦木等器皿的消毒效果要好于臭氧。我们对臭氧和微波作了对比，如下表。

	杀菌种类及能力	适用餐具	温度	能耗	售价(元)
臭氧	大肠杆菌、粪链球菌、金黄色葡萄球菌等，杀灭率在99%以上。还可以杀灭肝炎病毒、感冒病毒等。时间30 min左右。	不耐温的木筷、不耐热塑料、焦木等器皿。	≤25 ℃	≤5W	23
微波	1~2 min可杀灭大肠杆菌、粪链球菌、金黄色葡萄球菌等所有细菌；4分钟杀灭所有肝炎病毒细菌、真菌、病毒，杀灭率在100%。时间10 min左右。	耐热玻璃、陶瓷、塑料等器皿。具有水分的木筷、塑料、焦木等器皿以及草、柳竹、纸制品。	≥100 ℃	≥400W	78

7.参考文献

[1]北京师范大学生物系微生物教研组.怎样观察和培养微生物[M].北京：北京师范大学出版社，1982.

[2]武汉大学、复旦大学生物系微生物学教研室.微生物学[M].北京：高等教育出版社，1979.

[3]曹保义.初中生物[M].北京：科学技术文献出版社，1999.

[4]赵勇，朱慧.家用微波炉烹调的汤类食品易腐蚀程度的研究[J].扬州大学烹饪学报，2002（2）：44-46.

常见家养观赏植物对公共场所室内空气净化作用初探

梁烨　杨帆　指导教师：吴小兰

（注：青少年创新大赛甘肃省二等奖）

选题目的： 人们的生活离不开空气，空气质量的好坏直接关系到人类的身体健康。影响空气质量的有化学污染、物理污染和生物污染等。其中生物污染主要指微生物污染。空气细菌含量与疾病的发生、流行密切相关。在公共场所诸如学校、医院、商场等地，人们常用化学药品杀菌。我们在进行"路边小吃你敢吃吗？"这一科技活动时，发现校园植物园处的细菌数明显比其他地方少，说明植物对空气中的细菌有杀灭作用。但面对各种各样的植物，到底哪些植物杀菌能力较强？我们选择了"常见家养观赏植物对公共场所室内空气净化作用初探"这一课题，一方面向同学们宣传爱护花草树木的重要性；另一方面为公共场所室内选择有利于净化空气的观赏植物提供实验依据。

1.材料和设备

1.1　设备
平皿（6 cm），高压蒸汽灭菌锅，恒温培养箱，天平，纱布，电炉，研钵，剪刀，pH试纸等。

1.2　材料
牛肉膏，蛋白胨，氯化钠，琼脂，蒸馏水，各种家养观赏植物的叶片。

2.实验过程

2.1　制备培养基
培养基：牛肉膏2.5 g，蛋白胨5 g，氯化钠2.5 g，琼脂10 g，蒸馏水500 mL，加热溶解后过滤，用0.1 g/mL NaOH将pH调整至7.4～7.6。

2.2　制备植物浸出液

2.2.1　选择常见家养观赏植物：君子兰、芦荟、橡胶树、金橘、南洋杉、圆柏、美人蕉、金边吊兰、万年青、扶桑、八叶木、大叶伞、龟背竹、天竺葵、鹅掌木、伞竹、银杏、广东菊、蟹爪兰、月季、仙客来、蝴蝶兰、玫瑰。

2.2.2 将要研究的每一种植物的嫩叶10 g，放入研钵内，加水10 mL捣烂，用纱布过滤，得到滤液，加水把滤液稀释到20 mL，分装于贴好标签的内径6 cm的培养皿内，4个培养皿不加浸出液作为对照组。

2.3 装皿和灭菌

将制好冷却后的培养基，分装于有植物浸出液的培养皿内，每个培养皿内加入10 mL，一边加培养基，一边用玻璃棒与已加入的植物叶浸出液进行搅拌，使两者混合。凝固后放入高压灭菌锅内灭菌（温度121 ℃，压力0.11 MPa，时间30 min），将灭菌后的平皿放入28 ℃恒温箱内培养24 h，检查灭菌是否彻底。

2.4 取样

利用自然沉降法取样，每种植物叶浸出液均有16块平板，打开皿盖，暴露于学校高二四班教室、医院内科诊断室、西固某商场、实验者的家中各30 min，然后置于28 ℃的恒温箱中培养。

2.5 记数

在恒温箱内培养48 h后，统计每个培养皿内的菌落数，取4块平板的平均菌落数。

2.6 重复上述实验

3.实验结果分析

3.1 加入植物浸出液的培养皿中的细菌菌落数均比对照组的少，说明植物体内确有某些杀菌物质存在。这些物质很有可能是各种有机酸，有机酸抑制细菌繁殖。

3.2 不同植物浸出液对细菌杀灭力不一样，从23种植物叶浸出液的比较看，美人蕉、南洋杉、圆柏、银杏、金橘、天竺葵、菊花、月季最强，它们应该为公共场所室内首选植物。此外，它们还具有成活率高、易栽培、常绿、花形优美、花色艳丽、花期较长的优点。

3.3 被子植物叶中具强烈气味的植物杀菌力较强，如天竺葵、金橘。

3.4 具有丰富肉质的叶片，抑菌效果不佳，可能与其含有的丰富养料有关。

3.5 商场、教室内空气细菌含量较高，这与上述场所人员密集，室内空气流通差有关，也与室内栽培植物数量少有关。

4.实验扩展建议

通过实验我们发现，医院的含菌量较少，这与医院的化学消毒措施得力有关。而教室和商场的空气中含菌量最多，其次是家居，这引起我们的注意。我们将向学校和商场的有关负责人就室内空气质量和室内观赏植物的选择提出建议和意见，就居民如何选择具有净化室内空气作用的观赏植物进行大力宣传。

5.参考文献

[1]曹保义.初中生物[M].北京：科学技术文献出版社，1999.

[2]北京师范大学生物系微生物教研组.怎样观察和培养微生物[M].北京：北京师范大学出版社，1982.

"你好，微生物"课程视频网址：https：//v.qq.com/x/page/d0829bv2tg0.ht mL